LE

MAGICIEN

AMATEUR

PAR

MAGUS

HENRI GAUTIER

EDITEUR

55 QUAI DES GRANDS AUGUSTINS

PARIS

LE

MAGICIEN AMATEUR

LE
MAGICIEN
AMATEUR

TOURS DE PHYSIQUE AMUSANTE FACILES POUR TOUS

Par MAGUS

DEUXIÈME SÉRIE

PARIS

HENRI GAUTIER, ÉDITEUR

55, QUAI DES GRANDS-AUGUSTINS, 55

1897

PRÉFACE

OICI *une nouvelle série de tours de « physique amusante » où l'on ne trouvera que des expériences faciles, à la portée de tous, quoique souvent brillantes, et qui pourront être exécutées aussi bien dans un salon que sur le petit théâtre des* collèges, patronages, cercles et pensionnats, où les séances de magie blanche obtiennent toujours un grand succès.

Quelques tours sont d'une extrême simplicité, d'autres exigent une certaine mise en scène; les uns sont anciens et plus ou moins connus; d'autres sont nouveaux et inédits ; tous, bien présentés, peuvent amuser, surprendre ou intéresser les spectateurs les plus exigeants.

Le succès de notre premier recueil de tours de « magie blanche » s'explique surtout, croyons-nous, par ce fait, qu'un livre de ce genre renferme plus que tout autre, et condensée sous un faible volume, matière abondante à distractions variées, passe-temps joyeux, petits travaux manuels récréatifs, et divertissements charmants en famille et en société.

Tout est plaisir en effet dans la Physique amusante : *plaisir la combinaison des tours, plaisir la confection ou la préparation des objets nécessaires, plaisir la rédaction du boniment qui doit accompagner chaque expérience ; plaisir chez le magicien dont on admire le merveilleux pouvoir, plaisir chez les assistants qui sont conduits de surprise en surprise ; plaisir pour ceux qui découvrent quelqu'un des secrets du prestidigitateur, plaisir plus grand pour qui se donne tout entier aux illusions, le merveilleux ayant eu de tout temps le privilège de captiver l'intérêt des personnes de tout âge et de toute condition.*

Sans doute, à qui voudrait parcourir rapidement

nos recueils et ne jeter qu'un coup d'œil superficiel sur les vignettes explicatives du texte, plusieurs choses pourraient sembler plus ou moins difficiles et compliquées; mais si l'on veut bien se donner la peine d'examiner séparément chacun des tours de magie blanche dont nous donnons la description, si l'on ne craint pas de prendre la peine d'exécuter en même temps, les objets nécessaires en main, ce que nous indiquons, on sera vite convaincu que rien n'est plus facile que de présenter d'une manière satisfaisante ce divertissement de choix qu'est une séance de physique amusante.

Toutes les expériences que nous décrivons ont été exécutées non seulement par nous mais, sous nos yeux, par des personnes n'ayant fait aucune espèce d'apprentissage : par des adolescents, par des jeunes filles ou même par de très jeunes enfants.

Plusieurs tours pourront être improvisés n'importe où dès la première fois, et exécutés d'une manière irréprochable après simple lecture de la description qui en est faite; d'autres expériences demandent une certaine dextérité qui sera aisément acquise au prix de quelques exercices.

Les objets nécessaires pour l'exécution des prestiges que nous allons décrire, se trouvent le plus souvent partout ; ce sera d'ailleurs vrai plaisir que de les préparer, de les truquer soi-même quand il le faudra. Très rarement il y aura lieu d'avoir recours au ferblantier, au serrurier ou au menuisier voisin, pour la confection de quelques instruments ou accessoires.

Il serait à souhaiter que nos lecteurs puissent, avant de lire ce livre, être témoins de l'effet que peuvent produire sur un spectateur les tours de magie blanche qui s'y trouvent décrits. En effet, nous avons constaté souvent que telle expérience qui, à l'exécution paraît des plus surprenantes à une personne non prévenue, peut sembler insignifiante, enfantine, naïve même, si on en lit d'abord la description.

En réalité, des choses très simples pour qui en connaît le secret, sont précisément celles auxquelles personne ne songe en voyant le prestige réalisé, car, ordinairement, les spectateurs supposent l'emploi de moyens beaucoup plus compliqués que ceux qui sont réellement mis en jeu par l'escamoteur.

Sautez au milieu de ce recueil; isolez de la mise en

scène et de l'atmosphère magique d'une séance bien préparée, telle ou telle affirmation que vous trouverez dans
le cours d'un boniment ; présentez l'expérience elle-même
d'un air sceptique, sans plus d'entrain que de conviction,
il est évident que, dans de semblables conditions, vous
n'obtiendrez qu'un succès des plus médiocres. Soignez
au contraire la mise en scène et le boniment, manœuvrez
avec calme et avec ordre ; soyez plein d'entrain, de gaieté
et de bonne humeur ; croyez vous même — autant que possible — à ce que vous affirmez ; vous obtiendrez un succès
qui dépassera certainement votre attente ; vous serez à
même d'amuser, d'intéresser, d'émerveiller pendant des
heures entières une société quelconque, et partout, soyez-
en sûr, grâce à votre talent, vous serez bien accueilli.

Dans l'introduction de notre premier recueil de tours
de physique amusante : Magie blanche en famille, on
trouvera tous les renseignements utiles concernant la
mise en scène, la manière de présenter les tours, les services que peut rendre le servant du magicien, le boniment, la préparation des séances, la disposition des
tables, des chaises et des servantes qui rendent au prestidigitateur tant de services.

Quant aux petits boniments dont nous accompagnons la description de la plupart de nos tours, on comprendra que ce ne sont point des modèles : bien s'en faut! ce sont plutôt des esquisses, des résumés, qui serviront de canevas ou de point de départ a de charmants petits discours, intéressants et badins, émaillés d'anecdotes et même de bons mots, que tout amateur magicien débitera avec d'autant plus de facilité et de plaisir qu'il les aura composés lui-même. Souvent une expérience devra être modifiée, habillée, déguisée, rajeunie, variée; parfois deux ou plusieurs de nos tours en composeront un seul plus compliqué.

« Dix séances variées de Magie Blanche » : *tel pourrait être le titre de nos deux premiers recueils qui seront suivis prochainement d'un troisième volume :* Sorcellerie en chambre.

On voudra bien ne pas confondre ces tours de magie blanche, escamotage, physique amusante ou prestidigitation — car tous ces noms désignent à peu près la même chose — avec nos Amusements scientifiques *et nos* Passe-temps récréatifs *qui feront également, les uns et les autres, le sujet de volumes distincts et que nous* continuerons, en attendant, à publier, avec de nouveaux tours de Magie blanche, dans l'Ouvrier et dans les Veillées des Chaumières, deux publications intéressantes et honnêtes que nous prenons la liberté de recommander à toutes les familles, car petits et grands y trouvent abondamment de quoi se distraire, s'instruire et s'amuser.

MAGUS.

Le Caire, 1er fevrier 1897.

LE MAGICIEN

AMATEUR

I

LE COUTEAU SAUTEUR

N couteau ayant été plongé, le manche en bas, dans une carafe d'eau, par quel moyen pensez-vous qu'on puisse l'en faire sortir sans y toucher en aucune manière ?

« La chose vous semble difficile. Je vais donc vous dire comment je m'y prends.

« Je pose l'extrémité de mes dix doigts sur la carafe (figure 1, page 3); j'appuie un peu : cela suffit pour faire monter le couteau, qui redescend dès que mes dix doigts cessent d'agir.

« Mais l couteau ne consent pas à répéter ces mouvements plus de trois ou quatre fois de suite ; bientôt las d'un exercice qui lui semble peu récréatif sans doute, il s'élève une dernière fois, fait de lui-même une culbute et tombe sur la table. Qui veut tenter l'expérience ? »

Un monsieur de bonne volonté s'approche, prêt à se dévouer : il examine d'un air soupçonneux la carafe, puis le couteau, et fait la réflexion que ces objets ne présentent rien d'anormal ; rassuré dès lors, il place avec docilité ses doigts aux points précis qu'on lui indique et les appuie de toutes ses forces sur le verre. Le couteau, inutile de le dire, ne bouge pas.

« — Monsieur le Magicien, c'est en vain que je fais tous mes efforts ; vous voyez bien que le couteau reste immobile.

« — C'est qu'il vous faudrait, cher monsieur, une plus grande force de volonté ; vous n'avez sans doute pas un caractère assez énergique ; dites : je veux !

« — Eh bien : je veux ! » vocifère le monsieur... qui, bientôt découragé, se retire confus, à sa place.

« Permettez que j'essaie à mon tour, reprend alors le prestidigitateur, et suivez bien tous mes mouvements : je saisis délicatement, entre le pouce et l'index, le couteau

par le manche; je le dépose dans la carafe autour de
laquelle j'appuie mes doigts et voilà que tout se passe

Fig. 1. — Le couteau sauteur.

comme je l'ai annoncé : obéissant à tous mes mouvements, à la moindre pression, le couteau monte, descend; il est vif, il est lent; il s'élève par saccades ou d'un

mouvement régulier; enfin il saute sur la table; venez l'examiner : il n'a subi aucune modification, la carafe non plus. »

Ignorez-vous, lecteurs, le grand rôle que jouent en physique amusante, les fils invisibles?

Une aiguillée de soie noire, forte et fine, attachée par un bout à la boutonnière de l'habit; une boulette de cire molle, noircie avec de la plombagine râpée d'un crayon, à l'autre extrémité, et qu'on applique contre le manche du couteau au moment où celui-ci, saisi de la main gauche, passe dans la main droite, ou *vice versa* : voilà tout le secret de l'expérience.

En simulant des efforts et en faisant des grimaces pour appuyer vigoureusement ses doigts sur la carafe, l'opérateur retire sa poitrine en arrière; il entraîne ainsi le fil qui, glissant sur le bord de la carafe, fait monter le couteau; celui-ci redescend par son propre poids quand on laisse aller le fil; un mouvement sec et brusque le jette, à la fin, sur la table. Si, à ce dernier mouvement, la boulette de cire ne s'est pas détachée d'elle-même, on l'enlève adroitement d'un coup de pouce, en prenant le couteau pour le montrer à l'assistance.

Dans notre volume *Magie blanche en famille*, qui a précédé celui-ci, on trouvera diverses expériences où le fil invisible est employé. Citons :

Les papillons japonais, où de gracieux lépidoptères en

papier, confectionnés sous les yeux des spectateurs, voltigent au-dessus d'un bouquet de fleurs ;

L'assiette cassée, ustensile en faïence ou en porcelaine que l'on raccommode à coups de pistolet ;

Le chapeau ensorcelé, qui est mis à contribution dans les séances de spiritisme simulé, etc.

Voir aussi dans ce volume : *La canne magnétisée, La danse de l'œuf, L'enfant escamoté, Obéissance aveugle*, chapitres XXI, XLIII, XLVI et LI.

II

LA DANSE D'UN CIGARE

AVEZ-VOUS, messieurs, à quoi peut servir un cigare? Tuer la mémoire, détruire l'intelligence, troubler la digestion et la vue; causer des névroses multiples, la cachexie, des douleurs rachidiennes, de la céphalalgie.... c'est à quoi on emploie ordinairement — quand on le fume — le cigare.

« Eh bien! je veux vous montrer aujourd'hui que cet objet pernicieux peut servir aussi à quelque chose de bon, en figurant dans une séance de magie blanche, grâce aux aptitudes toutes spéciales qu'il a pour la danse.

« Mais un cigare ne saurait danser partout; il ne consent

à le faire que sur un chapeau, et, bien entendu, si on le charme par une douce musique.

« A défaut de piano, on peut se contenter de musique vocale. Monsieur, de votre voix la plus mélodieuse, chantez-nous *doucement* un petit air de danse, tandis que je placerai le cigare sur votre chapeau, qui repose lui-même, comme vous voyez, sur mon poignet... Courage, monsieur... oh! c'est trop fort ainsi!... doucement... doucement, vous dis-je; pas de fausses notes, s'il vous plaît... un peu plus d'entrain et de gaieté... doucement!... Voilà! »

Le cigare, posé sur sa pointe, semble hésiter d'abord, fait mine de perdre l'équilibre, mais se décide enfin à danser, pirouettant, s'inclinant, se balançant en mesure, le plus gracieusement du monde; il danse encore, quand le magicien invite un spectateur à le prendre dans ses mains; l'objet, examiné avec soin ainsi que le chapeau, ne dénote aucune espèce de préparation.

Pour exécuter ce tour, fabriquez d'abord le petit instrument que montre la manchette de la figure 2; *b* est une petite tige de bois longue de 4 centimètres environ, taillée, si l'on veut, dans le manche d'un porte-plume; *a* est une fine aiguille à coudre, plantée par la tête dans le morceau de bois qui lui sert de manche.

Si le bois était trop dur et qu'on ne réussît pas, faute d'un étau et d'une paire de pincettes, à enfoncer directement la tête de l'aiguille dans le bois, on opérerait de la manière suivante :

Fig. 2. — La danse du cigare.

Au moyen d'une aiguille à tricoter rougie au feu, on percera, suivant l'axe de la tige de bois, un trou profond d'un centimètre, qu'on remplira ensuite de cire à cacheter ; celle-ci étant refroidie, la fine aiguille a, légèrement chauffée du côté de la tête, sera enfoncée facilement dans la cire où, après refroidissement, elle reste solidement fixée.

Notre petit instrument étant tenu caché dans la main gauche, l'aiguille en haut, on perce le chapeau, de la pointe de l'aiguille que l'on fait en même temps pénétrer, aussi profondément que possible, dans le cigare, tout en paraissant chercher la position voulue pour faire tenir celui-ci en équilibre sur sa pointe.

Il ne reste plus qu'à agiter, en dessous, la tige de bois, en faisant pirouetter lentement, de la main droite, le chapeau pour ajouter à l'illusion.

Quand, à la fin, un spectateur saisit le cigare, on retire vivement l'aiguille et on laisse glisser le petit instrument dans la manche de l'habit qui est béante sous le chapeau.

Cette expérience ne doit durer qu'un court instant, et si quelque spectateur demandait qu'elle fût prolongée, le magicien répondrait avec un aimable sourire : « Bien volontiers, et pour varier le plaisir je vais faire danser différents autres objets ».

Danse de l'œuf, des cartes, de la canne, de la baguette magique, — toutes expériences que nous avons décrites dans notre volume *Magie blanche en famille* ou qui se trouvent dans celui-ci, — trouveraient alors leur place, et l'on dirait hardiment que c'est la même expérience présentée sous une forme différente.

Rappelons-le une fois de plus : c'est la diversité des procédés employés pour produire des effets analogues, qui déroute le plus les spectateurs qui cherchent à *deviner*.

III

LIVRE MERVEILLEUX

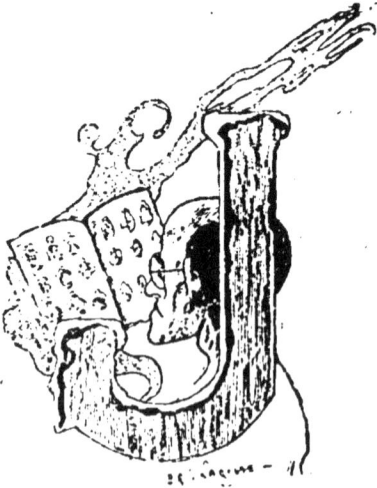

E vous présente, messieurs, un livre merveilleux, extra-ordinaire ; il renferme toute une bibliothèque ; tour à tour, au gré de son pro-priétaire, il devient traité de physique, d'algèbre, de chimie, de géométrie ; cours de littérature ou recueil d'a-necdotes ; atlas de géographie ou collection de timbres-poste ; album de photographies ou livre d'images grotesques. De plus, en prévision de la curiosité intempestive des gens indiscrets, mon livre peut aussi se transformer en un simple cahier de papier blanc ; quant à moi, je vous dirai que c'est là une chose à laquelle je tiens tout particulièrement, car il ne me plaît pas que tout un chacun sache mes goûts et mes préférences en littérature. Je fais passer rapidement sous vos yeux les pages du livre en le feuilletant; vous n'y voyez rien, n'est-ce pas? que du blanc.....

« Voici maintenant le cours d'histoire.

« Puis c'est un traité d'art culinaire.

« Ensuite, un de ces jolis romans que publie l'*Ouvrier*, le plus intéressant et le moins cher des journaux, avec sa charmante sœur cadette, *les Veillées des Chaumières*, sœur cadette âgée de dix-neuf ans, et dont il pourrait être le père, tant il est vieux; je parle du nombre respectable d'années qu'il a parcourues dans sa longue carrière.

« On me dit là-bas, au fond de la salle, qu'on ne peut lire un texte de si loin et contrôler ce que j'avance; je vais donc changer de système, et, abandonnant les livres proprement dits, passer à des sujets plus visibles à distance. Voici donc l'album de photographies : tout le monde voit que chacun des feuillets qui s'échappe sous la pression de mon pouce porte une photographie... portraits de famille, messieurs !

« Je recommence : Vous apercevez distinctement ma collection de timbres-poste.

« Voulez-vous des silhouettes noires ? En voici.

« Voulez-vous des *chromos* ? En voilà.

« Voulez-vous des figures géométriques? Vous n'avez qu'à parler : dès qu'un souhait est formulé dans votre esprit, le livre magique le réalise. »

Fig. 3. — Disposition du livre merveilleux.

Assez de boniment, n'est-ce pas? travaillons à confectionner un *livre magique*, ce qui est la chose du monde la plus aisée.

Prenez un cahier cartonné recouvert en percaline, et formé

de papier de bonne qualité, un peu fort, comme ceux qu'emploient les écoliers pour leurs devoirs corrigés, mais dont la tranche soit partout de niveau avec la couverture. Divisez le grand côté de la tranche en cinq parties égales et marquez chaque division par un trait au crayon.

Posez le cahier à plat sur une table, après en avoir replié la couverture en arrière, et de manière à ce que le plus grand côté du cahier dépasse un peu en dehors de la table ; donnez verticalement un coup de scie, profond de deux millimètres environ, sur chacun des quatre traits qui forment les cinq divisions.

Les pages de votre cahier vous présentent maintenant l'aspect du numéro 1 de la figure 3 où les cinq divisions *a*, *b*, *c*, *d*, *e*, sont nettement indiquées par les entailles de la scie.

Laissez tel quel le premier feuillet du cahier, celui dont la première page portera le titre : *Livre magique*.

Sur le feuillet 2 (n° 2 de la vignette) enlevez avec des ciseaux, suivant une ligne parallèle au bord, la division *a*.

Sur le feuillet 3 (n° 3) enlevez *a* et *b*; feuillet 4, enlevez *a*, *b* et *c* (n° 4); feuillet 5, enlevez *a*, *b*, *c*, *d* (n° 5).

Attention maintenant !

Feuillet 6, laissez *a* mais enlevez *b*, *c*, *d*, *e*; feuillet 7, laissez *a*, *b* et enlevez *c*, *d*, *e*; feuillet 8, laissez *a*, *b*, *c* et enlevez *d*, *e*; feuillet 9, enlevez seulement *e*.

Arrivé au feuillet 10, traitez-le comme le feuillet 2 et

continuez la série de même que pour les huit feuillets précédents. Quand vous aurez fini, recommencez de la même manière en suivant, jusqu'à ce que vous soyez arrivé au bout de votre cahier qui pourra avoir une centaine de feuillets environ.

Choisissez huit catégories différentes pour composer les sujets de votre livre magique. Par exemple :

1re *catégorie*. Texte imprimé quelconque.
2e   —   Photographies.
3e   —   Silhouettes noires.
4e   —   Timbres-poste.
5e   —   Chromos.
6e   —   Cartes géographiques.
7e   —   Figures de géométrie.
8e   —   Laissez le papier blanc.

Au verso du premier feuillet et au recto du deuxième feuillet de chaque série du cahier, collez des textes imprimés quelconques : puisqu'on montre les choses de loin, cela représentera à volonté, histoire, philosophie, romans.

Au verso du deuxième feuillet et au recto du troisième feuillet de chaque série, collez des photographies.

Au verso du troisième feuillet et au recto du quatrième, collez des silhouettes noires que l'on trouve dans différents journaux illustrés, et ainsi de suite, laissant en blanc le verso du huitième feuillet et le recto du premier feuillet de chaque série.

Le livre magique est terminé maintenant.

Si vous le feuilletez en passant le pouce, sans l'appuyer fortement, successivement au milieu de chacune des divisions de la tranche, vous obtiendrez chaque fois un changement d'aspect car la disposition que nous avons établie est telle que seules les pages portant une même catégorie de sujets deviennent visibles. L'opération, terminée de droite à gauche, se recommence de gauche à droite.

Nous recommandons vivement à nos lecteurs de confectionner ce *livre magique* ; c'est un travail des plus intéressants et des plus faciles.

IV

UN CALCUL FACILE

AVEZ-VOUS exécuter de tête une soustraction ? Si oui, examinez le petit tour suivant qui frappe d'admiration les étourdis... dont le nombre est infini.

Dans une réunion que nous supposons composée de dix personnes — il pourrait y en avoir plus ou moins — faites circuler une feuille de papier où chaque personne devra inscrire un nombre de son choix, mais toujours plus élevé que le nombre inscrit par la personne précédente ; tous ces nombres devront être placés les uns au-dessous des autres, en colonne.

Demandez ensuite que l'on vous dise les deux nombres choisis par la première et par la dernière personne du

Fig. 4. — Leçon d'arithmétique.

cercle, c'est-à-dire le plus grand et le plus petit nombre de la liste.

Supposons que l'on vous indique alors 25 et 113.

Priez une personne d'écrire à côté de cette première

rangée de nombres une seconde colonne formée de nombres dont chacun égalera la différence qu'il y a entre un
nombre et le nombre suivant de la liste précédente.

Si, par exemple, la première liste se compose de ces dix
nombres :

25, 29, 37, 49, 52, 64, 75, 81, 102, 113,

la seconde colonne comprendra les nombres suivants :

4, différence entre 25 et 29 ;

8, différence entre 29 et 37 ;

12, différence entre 37 et 49 ;

3, différences entre 49 et 52 ;

et ainsi de suite.

On aura donc à la fin, sur le papier, les deux colonnes
de nombres que voici :

25	4
29	8
37	12
49	3
52	12
64	11
75	6
81	21
102	11
113	

Priez la personne qui a écrit la deuxième liste d'en faire le total et hâtez-vous de dire en même temps que ce total est 88.

« Quel habile calculateur que notre magicien ! » murmureront, avec admiration les spectateurs.

Mais comment arriver à la connaissance de ce total 88 ?

Tout simplement en retranchant du plus grand nombre 113 le plus petit 25, qu'on vous a fait connaître l'un et l'autre.

Si le plus petit nombre avait été 45 et le plus grand 102, le total de la deuxième série aurait encore été la différence de ces deux nombres, soit 57, et il en serait évidemment toujours de même, quels que soient les chiffres choisis et la quantité de nombres inscrits, autrement dit, de personnes prenant part à l'expérience.

Pour les écoliers studieux, — et il y en a certainement un grand nombre parmi les lecteurs de ce volume — voilà un joli devoir à faire :

Expliquer pourquoi, dans de semblables conditions, le total des nombres de la deuxième série égale la différence qu'il y a entre le plus grand et le plus petit nombre de la première série.

Notre dessinateur a supposé (figure 4, page 20) que le problème est posé dans une classe : le magicien est, ici, e maître d'école dont la baguette, on le sait, produit souvent des effets magiques.

Quant au petit homme qui est sur la sellette, il ne paraît pas effrayé du tout, et ce doit être évidemment un des premiers élèves de la classe : pensez donc ! il a su calculer mentalement que si de 113 unités on en retranche 25, il en reste 88 ; c'est gentil !

V

LA BAGUETTE MAGIQUE

E merveilleux morceau de bois n'a de vertu qu'entre les mains de son propriétaire; aussi vous auriez tort de croire que, armés de mon talisman, vous seriez par là même capables d'exécuter les prestiges étonnants que je viens de faire passer successivement sous vos yeux ébahis. Oui, la baguette magique connaît son maître, elle *s'attache* à lui... En voulez-vous une preuve? Je la pose contre ma barbe — interdit aux dames — je la place de cent manières variées contre ma main étendue (voyez les numéros 1, 2, 3, 4, de la figure 5); elle s'y maintient toute seule dans la position que je lui donne, et cependant elle n'est pas

préparée; je la jette à terre, je vous la remets entre les
mains pour l'examiner; en vain lui demanderiez-vous ce

Fig. 5. — Suspension de la baguette magique.

que j'exige d'elle : elle ne vous connaît point; ainsi que je
l'ai dit, elle ne s'attache qu'à son maître. »

Voyez-vous, lecteur, la grande baguette B, demi-gran-
deur naturelle, qui traverse en diagonale la figure ci-dessus?
Voyez-vous le petit crochet C dont les proportions et

l'écartement ont été, avec intention, exagérés par notre dessinateur? Ce crochet est un morceau de petite pointe *de vitrier* très fine, dont on a, avec une lime, épointé la tête après l'avoir enfoncée presque complètement dans la baguette; un coup de marteau l'a ensuite recourbé en crochet; il y a un second crochet semblable au milieu, un troisième à l'autre extrémité de la baguette, et ce sont ces petits crochets presque imperceptibles et incapables d'éveiller aucun soupçon, même si on les voit — faites-en l'expérience — qui permettent d'accrocher la baguette magique soit à la barbe, soit à la peau des oreilles, du nez ou des mains du magicien (1).

Voilà tout le secret.

1. Dans *Magie blanche en famille*, par MAGUS, on trouvera la manière de faire voyager dans l'espace la baguette magique, 1 vol. in-8 de 400 pages, nombreuses illustrations, prix 4 francs. (*Note de l'éditeur.*)

VI

SPECTACLE ATTENDRISSANT

PRÈS tout, ce n'est qu'un simple morceau de bois sec, votre baguette magique, me disait l'autre jour un méchant railleur. Ah, messieurs ! un simple morceau de bois, et un morceau de bois sec ! Tenez, je la sens qui frémit d'indignation entre mes mains, cette pauvre baguette ; elle en tremble, elle est couverte de sueur, elle va pleurer... Vous riez, ingrats spectateurs qu'elle a cependant si souvent réjouis et consolés ! Vous ne croyez pas à ses larmes ? Je vous les montrerai ! Seulement, je

n'aime pas à faire cette expérience, qui est toujours péril-
leuse, oui, dangereuse pour moi; car vous ne savez pas à
quoi je m'expose en la faisant, et ce que je puis redouter
du courroux des Génies auxquels la baguette magique doit
sa toute-puissance; du moins faut-il quelques précautions
pour me préserver d'accident.

« Quelqu'un parmi vous, messieurs, voudrait-il me tracer
un petit rond sur chaque coude ? mais il faut des ronds
absolument réguliers.

« Vous dites, monsieur, que vous êtes un artiste et que
vous avez le compas dans l'œil ? Venez donc : voici mon
bras gauche... et puis mon bras droit... Merci.

« Je commence. »

Tenant la baguette magique des deux mains, comme le
montre le numéro 2 de la figure 6, le magicien la comprime
de toutes ses forces... et voilà des gouttes de sueur, des
larmes : *les pleurs de la baguette magique*, qui tombent à
terre !

Ah! lecteurs, ne dites plus maintenant que ce n'est
qu'un morceau de bois sec !

La baguette qui sert dans cette expérience n'offre rien de
particulier; c'est bien réellement un simple morceau de
bois non truqué.

Rien d'anormal évidemment ne se passe tandis qu'on
trace à la craie le petit rond demandé, sous le bras gauche
du magicien qui tient alors, de ce côté, sa baguette magi-

que; la méfiance des spectateurs au sujet de cette manœuvre est donc écartée, ce qui permet à notre homme, tandis

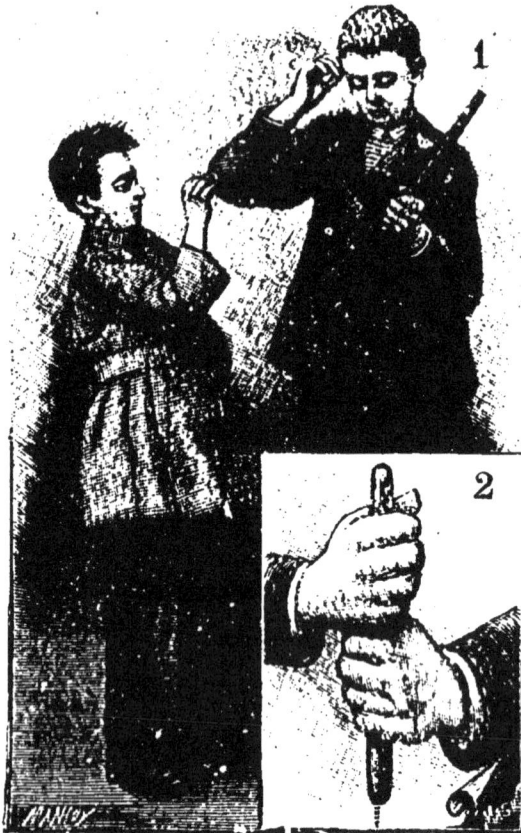

Fig. 6. — Pleurs de la baguette magique.

qu'il présente le coude de son bras droit, comme le montre la figure ci-dessus, et que tous les yeux se fixent sur
le petit rond à la craie pour examiner si on le trace bien
rond, de saisir secrètement derrière son oreille un petit

morceau d'éponge mouillée, caché là un instant auparavant, et de le dissimuler dans la paume de sa main jusqu'au moment... des pleurs de la baguette magique.

Ne perdez pas le petit morceau d'éponge qui vous a servi dans cette récréation : il vous sera utile encore dans le tour du « Magicien troué » que nous décrirons au chapitre XXXVI de ce volume.

ESCAMOTAGE D'UNE PIÈCE DE MONNAIE

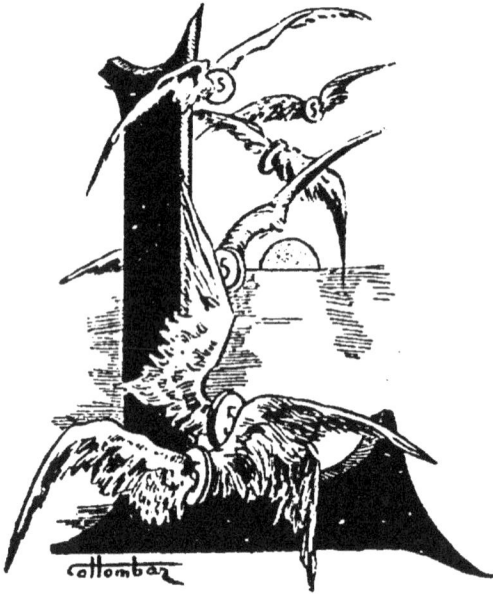

A disparition d'une pièce de monnaie est un des escamotages que les magiciens de salon ont l'occasion de pratiquer le plus souvent. Les *artistes* de profession, ceux qui ont fait de la *prestidigitation* une étude approfondie, disposent de moyens qui ne sont pas à la portée de simples amateurs, ceux-ci ayant coutume de ne demander à la dextérité ou à l'agilité de leurs doigts que des services dont le nombre est fort limité ; toutefois, le petit

tour de main nécessaire pour escamoter une pièce de monnaie — un sou par exemple — suivant le procédé que nous
allons indiquer, pouvant s'acquérir moyennant quelques
quarts d'heure d'exercice, nous croyon ; intéresser un certain nombre de lecteurs en le leur signalant. C'est là un des
rares tours d'escamotage où les manches, toujours, tant
soupçonnées, du prestidigitateur puissent rendre service ;
hâtons-nous de dire que c'est aussi, de toutes les récréations qui composent ce recueil, celle qui demande le plus
d'adresse et la seule, croyons-nous, dont l'exécution
puisse présenter quelque difficulté.

Vous avez emprunté une pièce de monnaie, un sou, que
vous vous diposez à employer dans une expérience plus ou
moins importante. Comme préambule, montrez à vos spectateurs avec quelle facilité vous savez faire voyager cette
pièce, la faisant passer instantanément, et d'une manière
invisible, d'une de vos mains dans l'autre.

Tenant le sou très serré entre le médius et le pouce de
la main droite élevée à la hauteur de votre visage, ainsi
que le montre la figure 7, faites claquer vos doigts à la
manière des écoliers qui veulent attirer l'attention de leur
professeur pour lui demander une permission ; mais, en
même temps, dirigez vos mouvements de manière à
envoyer le sou dans votre manche dont l'ouverture béante
aura été disposée de manière à le recevoir.

Quand vous commencerez cet exercice, dix fois, vingt

fois peut-être, votre sou tombera sur le sol et ira rouler bien loin derrière vous ; mais ne vous lassez point ; bientôt le succès récompensera votre persévérance et, à coup

Fig. 7. — Escamotage d'une pièce de monnaie.

sûr, chaque fois, le sou disparaîtra dans votre manche. Recommencez de la main gauche les mêmes exercices jusqu'à réussite parfaite.

Ce résultat atteint, voici comment on présente le tour.

Un second sou a été caché secrètement dans la main gauche, de manière à ce qu'il vienne de lui-même se placer dans la main repliée, à demi-fermée, si l'on ti. .e bras pendant, comme le montre notre vignette (figure 7).

Au moment même où le premier sou disparaît dans la manche du bras droit dont la main s'écarte brusquement du corps, en ligne droite, la main gauche s'élève en présentant le second sou au bout des doigts; à son tour, le bras droit s'abaisse et la main droite reçoit le premier sou... « que le claquement de la main gauche lui a envoyé ».

Semblable voyage, alternativement dans un sens ou dans l'autre, peut être répété quatre ou cinq fois; mais il ne faut pas trop s'y arrêter, ce petit tour n'étant en somme, comme nous l'avons dit, qu'un préambule, un intermède.

On trouvera aux chapitres suivants des moyens d'escamoter une pièce de monnaie sans avoir à faire, pour cela, aucune espèce d'apprentissage.

DISPARITION D'UN SOU

OICI, croyons-nous, le procédé le plus facile et peut-être l'un des plus étonnants qui existent pour faire disparaître un sou.

Il est regrettable toutefois que nos lecteurs ne puissent voir l'exécution du tour avant d'en connaître le secret; c'est si simple qu'on est même porté à trouver le procédé *peu malin*... dès qu'on le connaît; quant à moi, je l'avoue, ce petit truc me paraît simplement merveilleux.

Procurez-vous une petite boîte en métal ou en carton, comme celle que montre le numéro 1 de notre vignette (fig. 8), dont le diamètre intérieur soit exactement celui d'un sou ; le fond du couvercle et celui de la boîte devront être noircis au vernis japonais.

Ayant fait examiner boîte et couvercle, vous y placez

Fig. 8. — La boîte au sou.

la pièce de cinq centimes, dressée presque verticalement, légèrement inclinée en arrière, et s'appuyant sur le bord de la boîte (n° 1 de la vignette) ; en fermant celle-ci, vous y renversez, d'un coup du couvercle, le sou, à plat dans le fond.

Après avoir bien secoué la boîte de haut en bas, pour faire entendre que la pièce est toujours là, vous soufflez sur le tout : le sou a disparu et la boîte est vide, comme vous le faites constate'r (n° 2 de la vignette).

Voilà le secret. Usez par frottement sur un grès, sur une meule ou à la lime, une des faces de votre sou jusqu'à ce qu'elle soit devenue complètement lisse ; passez-y ensuite, au pinceau, une couche de vernis japonais, du même que vous aurez employé pour noircir les fonds de la boîte et de son couvercle ; cinq minutes après, le vernis sera sec et vous pourrez répéter ce charmant petit tour de physique amusante.

Vous avez déjà compris comment les choses se passent.

En montrant le sou, on n'en laisse voir que le côté non préparé ; en fermant la boîte, on renverse la pièce, de manière que la face noircie soit en haut ; pour tout le monde, ce côté noirci du sou est le fond même de la boîte qui paraît vide ; personne ne songerait à élever le moindre doute à ce sujet.

IX

LA PLANCHETTE

UNE petite planchette carrée, de dix centimètres de côté, est divisée en neuf cases égales, par quatre lignes droites tracées au crayon] et se [coupant à angle droit. Dans la case du milieu on]place une pièce de cinquante centimes que l'on fait disparaître instantanément en la recouvrant simplement d'une carte de visite ; le prestidigitateur ne tient cependant la planchette que du bout des doigts, et sa main, qui n'a pas bougé en apparence, ne recèle pas la monnaie.

Cette planchette est truquée, comme le montre la

vignette ci-dessous ; elle peut être construite par toute personne habile. Le carré du milieu B forme bascule et est monté sur deux pointes servant de pivots ; quand la carte de visite couvre la pièce, le prestidigitateur soulève un

Fig. 9. --- La planchette escamoteuse.

peu, avec le médius, la partie antérieure de la petite bascule et la fait incliner légèrement, juste pendant le temps nécessaire pour faire glisser la pièce de cinquante centimes dans la fente F ; la bascule est aussitôt remise dans sa position normale et on enlève la carte ; le mouvement opéré a passé inaperçu.

Pour préparer une semblable planchette, on commen-

cera par la diviser en trois parties égales, suivant deux
lignes parallèles; le morceau du milieu sera, à son tour,
divisé en trois portions, suivant deux lignes perpendiculaires aux précédentes. Dans le premier de ces morceaux
on pratiquera la fente F; deux petits clous, dont on aura
épointé la tête avec une lime, seront enfoncés d'une part
au milieu des deux côtés opposés du second morceau B,
d'autre part, dans les grands côtés de la planchette; ceux-
ci seront ensuite collés à la place qu'ils occupaient précédemment, contre le premier et troisième des morceaux
carrés du milieu, et la planchette paraîtra de nouveau
formée d'une seule pièce.

Les quatre lignes perpendiculaires qui se coupent, et qui
forment les neuf cases de la planchette, sont fortement
accentuées au crayon noir et n'ont d'autre but que de
cacher les joints.

X

UN GROS SOU DANS UNE BOUTEILLE

E diamètre d'une pièce de dix centimes étant de trois centimètres, vous reconnaîtrez, n'est-ce pas, que, sans un peu de sorcellerie, il serait impossible de faire pénétrer celle-ci dans une bouteille dont le goulot aurait moins de deux centimètres d'ouverture? Avec le secours de la magie, c'est, au contraire, chose facile, comme vous allez le voir. »

La pièce de deux sous que tient le magicien est, en effet, introduite dans la bouteille transparente, où elle apparaît toujours de même grandeur, bien entendu, se heurtant contre les parois du vase qu'agite la main nerveuse du sorcier triomphant.

Quel est donc ce mystère?

On a choisi une pièce de dix centimes assez neuve pour que les bords n'en soient pas encore arrondis par l'usure. Tout autour, dans l'épaisseur de la pièce, on a pratiqué une rainure circulaire à l'aide d'une lime mince (n° 3, figure 10); puis, avec une scie très fine, en suivant les contours du profil de l'effigie qui se détache en relief (n° 1), on a divisé la pièce en trois morceaux, lesquels morceaux ont ensuite été réunis et maintenus l'un à côté de l'autre par un anneau de caoutchouc C, qui doit être aussi petit que possible, juste assez grand pour ne pas se rompre lorsqu'il sera placé dans la rainure tout autour de la pièce et qu'on repliera celle-ci, comme nous le dirons plus loin.

Le gros sou ainsi préparé ressemble à tous les autres, et personne ne se douterait qu'il peut être replié sur lui-même.

On comprend maintenant comment ce sou pourra traverser le goulot de la bouteille où, aussitôt entré, il reprendra sa forme première sous l'action élastique du caoutchouc tendu.

Il est assez facile de monter une de ces petites scies que l'on vend à la douzaine pour le découpage du bois ou des métaux, sur un morceau de gros fil de fer P recourbé

comme le montre la figure ci-dessous; on fait d'abord
rougir à une flamme les deux extrémités *r* de la petite

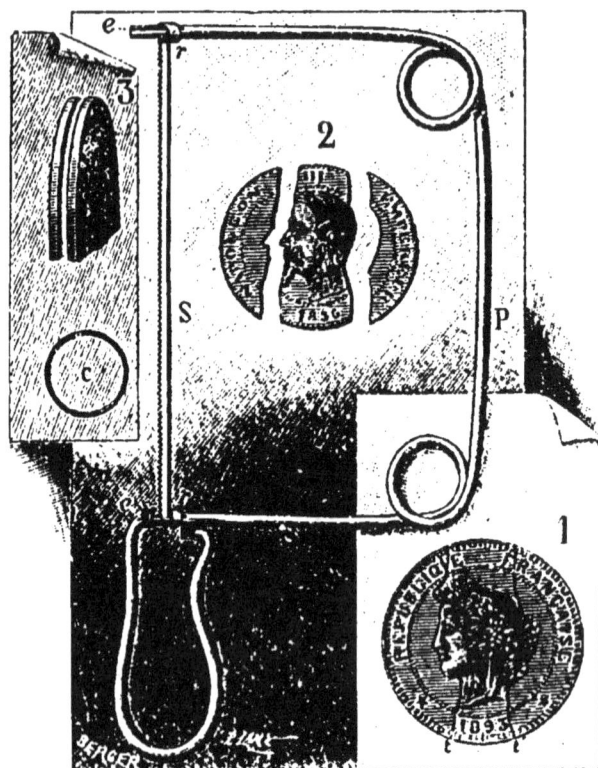

Fig. 10. — Le sou pliant.

scie S, afin de les *détremper* et de pouvoir les rabattre sur
le porte-scie, dont on rapproche avec force les deux
branches qui, formant ressort en s'écartant, produisent la
tension nécessaire sur la scie.

Dans les instruments de ce genre que l'on trouve tout montés chez les quincailliers, deux petites fentes *ee* (fig. 10) sont pratiquées dans le porte-scie pour recevoir les extrémités de la petite scie.

Les amateurs assez habiles, ou munis d'instruments convenables, pourront préparer de la même manière plusieurs pièces de monnaie; les paresseux ou les maladroits en seront quittes pour prier l'horloger voisin de leur fabriquer le *sou magique*; ils ne s'exposeront pas du moins à entendre le compliment du terrible enfant Toto :

« Ah! monsieur, tu as coupé ton sou en trois morceaux! c'est donc pour cela que papa disait l'autre jour que u es capable de couper un liard en quatre? »

UN VOYAGE INVISIBLE

AIRE passer invisiblement dans un verre vide deux pièces de cinq francs, tel est le prestige que l'on peut réaliser au moyen du verre truqué que nous allons décrire dans cette récréation et que nous fabriquerons nous-mêmes, si vous le voulez bien, au lieu d'aller le payer vingt francs chez un marchand de diableries.

Ce tour de *physique amusante* peut servir de complément à celui que nous avons publié dans le volume *Magie blanche en famille* sous ce titre : *Voyage invisible de deux pièces de monnaie*, ou à

4

toute autre récréation ayant pour but d'escamoter des
pièces de monnaie; ici les pièces se retrouvent finalement
dans notre verre truqué. En réalité, elles y étaient déjà,
simplement retenues prisonnières dans un double fond
fermé, où un ressort les maintenait immobiles, ce qui per-
mettait, en retournant le verre, de faire croire qu'il était
vide. Quand arrive le moment opportun, les pièces peuvent
tomber du verre retourné (n° 1 de la figure ci-contre), au
moyen du mécanisme que nous allons décrire.

Achetez un verre de toilette en forme de gobelet, dont
le diamètre aille en diminuant vers le bas; choisissez-le
rouge ou bleu, de teinte très foncée, afin de lui ôter toute
transparence et, au besoin, passez sur toute la surface
intérieure de ce verre une couche d'encre, ou mieux de
couleur rouge ou bleue, afin de le rendre absolument
opaque.

Découpez un disque de carton D (n° 3 de la vignette),
de diamètre tel qu'il se trouve arrêté dans le verre à deux
centimètres au-dessus du fond de celui-ci. Divisez ce disque
de carton suivant son diamètre, par conséquent en deux
parties égales, que vous réunirez par une petite bande
de toile c qui servira de charnière, comme on le voit au
numéro 4 de la figure 11 ; dans l'une des deux moitiés du
disque, percez le trou t, dans l'autre le trou plus petit r.

Prenez d'autre part un morceau de fort fil de fer ou de
laiton *non recuit*; enroulez-le en spirale sur un manche

d'outil cylindrique pour former un ressort à boudin R
(n° 4), que vous attacherez au disque D par une de ses
extrémités, en introduisant celle-ci dans le petit trou *r*,

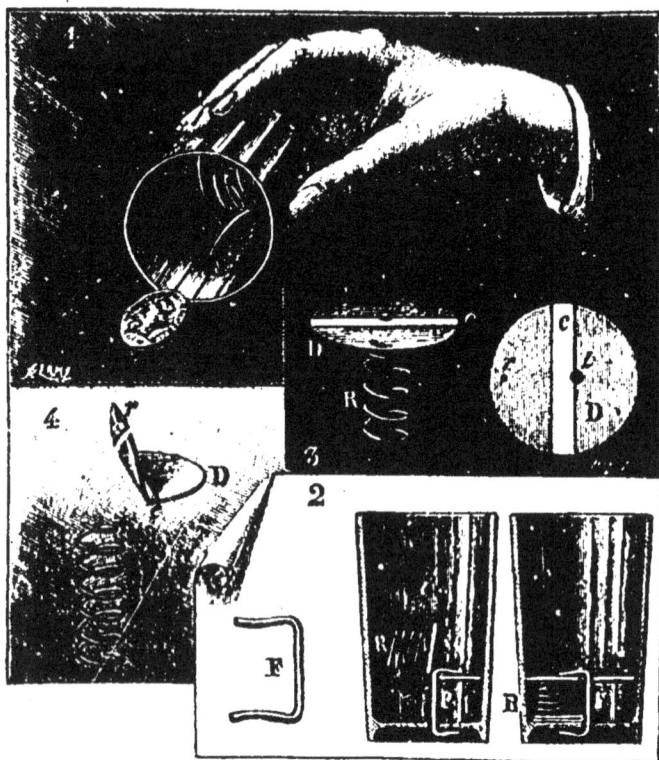

Fig. 11. — Le verre aux pièces de cinq francs.

comme le montre le numéro 3 de la figure ci-dessus ; dans
cette position, fixez le bout du ressort avec un peu de cire à
cacheter sur laquelle vous appliquerez, pendant qu'elle sera

encore chaude, un petit carré de toile grand comme un timbre-poste; cela pour plus de solidité.

Placez dans le verre le disque D, et immobilisez-en, avec de la cire à cacheter, la moitié *t*, tandis que, au contraire, vous rognerez légèrement avec des ciseaux l'autre moitié, suivant l'extrémité de la circonférence, afin qu'elle soit facilement mobile sur la charnière en toile *c*.

Reste la partie la plus délicate du travail, qui consiste à percer le fond du verre en un point très voisin de son centre, du côté où le disque de carton a été fixé.

Ne vous effrayez pas de cette opération *très facile*.

Retournez votre verre et posez-le d'aplomb sur une table; prenez une lime bien trempée et, l'élevant à trois ou quatre centimètres, laissez-en tomber normalement la pointe sur le point à percer, réitérant les petits chocs jusqu'à ce que vous remarquiez que le verre se trouve plus ou moins dépoli et entamé en cet endroit. Versez alors dans la cavité en forme de godet que présente le fond du verre retourné, de l'essence de térébenthine dans laquelle vous aurez fait dissoudre du camphre à saturation : prenez un *drille* armé d'un bon foret, tel qu'en emploient les amateurs de découpage du bois; posez-le bien verticalement sur le point déjà attaqué par la lime et faites tourner le foret sans appuyer trop fort; vous serez surpris de voir avec quelle facilité votre outil creusera le verre.

Le trou percé, il ne reste plus qu'à mettre en place la

pièce F (n° 2) qui est un morceau de gros fil de fer rigide, recourbé en U. Vous ne replierez d'abord que l'une de ses extrémités; puis vous ferez passer l'autre bout, par l'intérieur du verre, à travers le trou *t* du disque de carton, et vous le ferez ressortir par le fond du verre; enfin vous recourberez ce bout dans le même sens que le premier.

Suivant la position de la pièce F, le double fond du verre sera ouvert ou fermé, comme le montrent les figures en coupe (n° 2 de la vignette, page 51) : à droite on voit que la pièce F ferme le double fond en appuyant sur la partie mobile du disque, et, par conséquent, en même temps sur le ressort qui maintient les deux pièces de cinq francs immobiles contre le fond du verre, de sorte que nul choc intempestif ne peut y révéler leur présence; à gauche, on voit la pièce F qui, manœuvrée secrètement par-dessous le fond du verre, a fait un demi-tour; si, dans cette position, on retourne le verre comme au numéro 1 de la figure 11, les pièces en sortent aussitôt, à la surprise générale de ceux qui croyaient vide ce verre qu'un moment auparavant on avait retourné sous leurs yeux et *où viennent de se transporter* les pièces disparues en un point éloigné de la salle.

Quand l'opérateur fait tomber les pièces du verre, il a soin de tenir celui-ci de profil afin de n'en pas montrer l'intérieur aux spectateurs.

Les personnes qui craindraient de ne pas réussir à percer

le verre pourraient remplacer celui-ci par un vase quelconque en terre vernissée; un petit pot à lait conviendrait
fort bien, et, peut-être, éveillerait moins les soupçons
qu'un verre bleu ou rouge.

XII

LES LIENS INUTILES

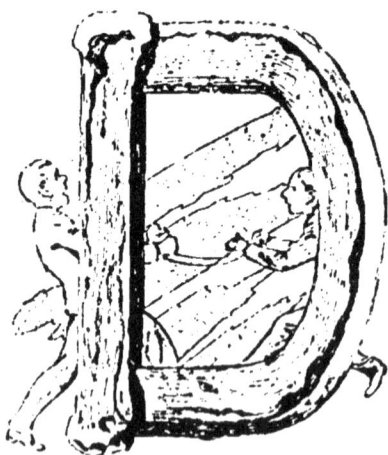

EUX enfants se font attacher les poignets aux extrémités de deux ficelles, longues chacune d'un peu moins de trois mètres et qui sont croisées l'une sur l'autre, comme le montre la figure 12, page 56.

Sur les poignets des petits sorciers en herbe on appose des cachets de cire molle en y emprisonnant les nœuds des ficelles, afin que les spectateurs puissent plus tard s'assurer que ces nœuds n'ont pas été défaits.

Un paravent, placé en demi-cercle, entoure les magiciens devant lesquels on tient un rideau tendu. Trois ou quatre secondes à peine sont écoulées, qu'un signal est donné : le rideau enlevé aussitôt laisse voir les enfants dégagés l'un de l'autre : les ficelles ne sont pas coupées et les cachets sont intacts.

On peut recommencer l'expérience en sens inverse : les deux enfants sont de nouveau cachés pendant un court

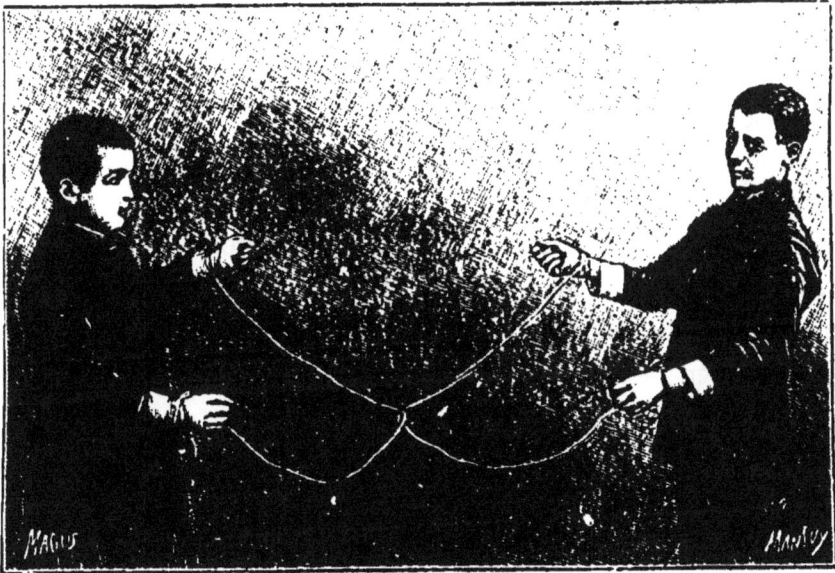

Fig. 12. — Les enfants attachés

instant, après lequel on les voit attachés de nouveau comme ils l'étaient précédemment.

Si vous essayez de faire cette expérience avant d'en connaître le secret, vous ne tarderez pas à la juger impossible.

Voici la solution du problème :

L'un des acteurs pince, entre le pouce et l'index de sa main droite, le milieu de sa corde où il forme un pli; il fait passer, par un trajet d'arrière en avant, ce point de la ficelle ainsi pliée en deux, entre le poignet droit de son vis-à-vis et le lien dont celui-ci est entouré ; saisissant ensuite en avant le pli qui a passé, et qui forme maintenant une petite boucle, il le tire vers lui pour élargir cette boucle jusqu'à ce que son vis-à-vis puisse y faire passer son poignet. Cela fait, les deux petits sorciers n'ont plus qu'à s'éloigner l'un de l'autre : ils sont dégagés.

Quand vous ferez l'apprentissage de cette jolie récréation, prenez bien garde d'embrouiller les ficelles, car alors il vous serait peut-être difficile de vous en tirer sans le secours des ciseaux ; cet inconvénient ne se produira pas si, comme il convient toujours en pareil cas, vous manœuvrez lentement, ayant en même temps sous les yeux le texte qui vous indique la marche à suivre.

LE MOUCHOIR BRULÉ

Oui, messieurs et mesdames ! de même qu'en frottant entre mes doigts ce mouchoir, dont vous avez coupé et brûlé le milieu, je le remets à l'état de neuf, ainsi, grâce à mon élixir merveilleux, les dents les plus trouées, les plus rongées par la carie, redeviennent blanches et entières, comparables aux plus belles défenses des éléphants ou des rhinocéros ! C'est parce que mon élixir est en usage en Angleterre, que toutes les dames de ce pays-là ont de si belles dents et sont si bien douées du côté de la musique... Oui, messieurs, du côté de la musique : les touches

de piano qu'elles ont dans la bouche n'en sont-elles pas
une preuve évidente? »

Fig. 13. — Charlatan qui brûle un mouchoir.

Tel est le discours de notre charlatan, qui, hélas, ne gué-
rit pas plus les dents malades qu'il ne déchire ou ne brûle

le mouchoir qu'on vient de lui prêter. Un petit linge blanc, carré, plié et noué avec un fil, comme on l'a dessiné en *a* de la figure 13, est caché dans la main de l'escamoteur qui, laissant pendre le mouchoir *m*, n'a fait que couper le petit morceau de linge *a* auquel il a mis le feu en tenant le tout comme le montre la vignette. Il a roulé ensuite entre ses mains mouchoir et restes du chiffon brûlé, s'est débarrassé habilement de ces derniers, soit qu'il les ait glissés dans sa poche ou qu'il les ait jetés derrière son dos, tandis que tous les yeux étaient fixés sur sa main droite qui tenait le mouchoir, et qu'il a lancée en avant, le poing fermé, en invitant les spectateurs à souffler tous dessus « de toute la force de leurs poumons ».

Et voilà comment le tour a été joué.

XIV

VOYAGE D'UN PETIT FOULARD

E petit foulard que vous connaissez bien, et qui a déjà opéré tant de merveilles : voyages extraordinaires, changements de couleurs et autres transformations surprenantes (1) va faire invisiblement un nouveau voyage instantané, sous vos yeux. Et cette fois-ci nous n'emploierons ni boîte, ni appareils d'aucune sorte, pas même un œuf ou une feuille de papier, car ces objets présentent l'inconvénient d'être opaques, ce qui est très grave, aux yeux de certains spectateurs.

---

1. Le petit foulard doit être en soie très fine et souple. Voir les chapitres XII, XIII et XIV du volume : *Magie blanche en famille*, chez Henri Gautier, éditeur.

« L'autre jour, messieurs, quelqu'un me proposait d'employer désormais des gobelets en cristal pour faire le jeu des muscades, afin qu'on puisse mieux voir ce qui se passe dessous; c'est afin de répondre à un tel vœu, tout étrange qu'il soit, que je me servirai, pour le voyage de mon petit foulard, des deux carafons de verre que voici, et qui m'ont coûté dix centimes pièce.

« Le foulard placé par moi dans celui des carafons que je tiens de la main droite, se transportera, au commandement, dans le carafon semblable que ma petite sœur, placée à l'autre extrémité de la salle, tient de la main gauche.

« Tout le monde constate, n'est-ce pas, que je fais entrer dans le carafon le petit foulard dont le rouge vif ne perd rien de son éclat, même regardé à travers les parois de la prison de verre qui l'a reçu? On peut constater, de même, que le carafon de ma petite sœur est vide et transparent? Une, deux..., trois! Ça y est ! le foulard a sauté d'un carafon dans l'autre !

« Le voyage du foulard a été si rapide, que bien peu, parmi vous, je pense, l'ont vu traverser l'espace? »

Est-il besoin de vous le dire, lecteurs? il existe deux foulards semblables : le premier, celui que tient le prestidigitateur, doit disparaître de son carafon exactement au moment où le second apparaît dans l'autre carafon.

Pour la première opération, disparition du premier foulard, voilà comment vous devrez opérer :

Prenez un long fil de caoutchouc que vous attacherez

Fig. 14. — Escamotage d'un petit foulard.

par ses deux extrémités derrière votre dos, à la boucle de
votre gilet ou de votre pantalon, après | avoir ôté votre
habit, veste ou redingote. Saisissez avec le pouce de votre
main droite le milieu du caoutchouc et entraînez-le avec
vous en faisant passer votre bras dedans la manche l'habit.

5

Le fil de caoutchouc devra être d'une longueur telle qu'il soit assez fortement tendu dans cette situation ; en même temps il est arrêté en son milieu par votre pouce, comme par un crochet.

La baguette magique, tenue alors de la main droite, et des gestes opportuns, empêchent les spectateurs de voir le caoutchouc. Au moment où, après avoir fait examiner le petit foulard, vous vous disposerez à le faire entrer dans le carafon, saisissez-le par son milieu, et faites-le passer dans une boucle B que vous formerez en même temps avec le caoutchouc ainsi que l'indique notre vignette (figure 14, page 65).

Prenez alors le carafon, comme le fait notre petit magicien représenté à gauche de la vignette, en ayant soin de retenir avec le petit doigt le foulard qui, sans cela, serait immédiatement entraîné dans votre manche par le caoutchouc.

C'est après avoir fait deux fois le geste de lancer le foulard dans l'autre carafon en balançant légèrement le bras d'arrière en avant, que, en criant brusquement : *trois*! vous élevez le bras et laissez monter le petit foulard dans votre manche.

En même temps, la personne qui tient le second carafon de la main gauche, comme la petite fille de notre vignette, fait, du bras, un mouvement violent, comme si elle avait reçu quelque commotion électrique — que vous avez eu d'ailleurs la précaution d'annoncer. Cette secousse fait descendre dans le fond de la petite carafe le second foulard qui s'y trouvait déjà, mais caché dans le col, par la main de votre servant, alors véritable compère.

Grâce à l'élasticité du tissu de soie, le petit foulard, comprimé dans sa cachette, reprend tout son développement en tombant au fond du vase qu'il remplit aussitôt entièrement.

XV

LES AVENTURES DU PETIT FOULARD

ᴇ petit foulard que vous voyez, messieurs, a subi un grand nombre de transformations ; vous en avez été témoins ; mais il n'est pas encore au bout de ses aventures. Je vais aujourd'hui le faire fondre à la flamme de cette bougie. Regardez bien… déjà il s'est évaporé. Voyez-vous maintenant ce léger nuage bleuâtre qui flotte au-dessus de la flamme ? J'y aperçois des parcelles de cendres : les cendres du petit foulard que je vais rappeler à la vie.

« Examinez bien mes deux mains : elles sont vides et nettes ; j'attrape au vol les parcelles de cendres: je les refroidis, je les frictionne, je les magnétise, je les anime entre mes mains ensorcelées... et je vous présente le foulard dans son état premier. »

Ce boniment ne peut rendre l'effet charmant de ce tour imaginé, croyons-nous, par l'habile prestidigitateur Duperrey qui l'exécutait à la perfection. Avec un peu d'exercice, chacun pourra le réussir d'une manière satisfaisante en suivant nos indications.

Commencez par rouler le foulard en forme de paquet très petit ainsi que nous allons dire : Pliez d'abord l'étoffe en long, suivant une diagonale, plusieurs fois sur elle-même, et formez ainsi une bande de 12 à 15 millimètres de largeur ; relevez ensuite en angle droit un petit coin *a* du foulard, sur le reste de la bande (n° 3 de la figure 15) ; autour de cette partie *a*, enroulez le reste de la bande dont vous arrêterez le bout *b*, en le faisant entrer sous la bande qui aura formé le tour précédent ; le petit foulard présentera alors l'aspect que montre la figure placée au milieu de la vignette ci-contre ; quelques personnes connaissent bien cette disposition, employée par elles pour plier leur serviette de table, qu'elles déploient, au repas suivant, d'un seul coup, par une petite secousse, en saisissant l'étoffe par le petit bout qui dépasse.

Revenons à notre foulard.

Pour sa disparition, vous vous servirez du caoutchouc disposé dans votre manche, comme nous l'avons expliqué au chapitre précédent.

Mais ici il y a lieu de faire quelques *feintes* qui ne man-
quent jamais de divertir le public.

Le magicien, se tenant de profil, sa droite du côté des

Fig. 15. — Le petit foulard vaporisé.

spectateurs, fait passer le foulard de la main gauche dans la
main droite, en prenant un air maladroit; après quoi il
conserve fermée sa main gauche qu'il semble vouloir cacher

derrière lui; puis, d'un air sérieux, il avance sa main droite dans laquelle est réellement le foulard, au-dessus de la bougie (n° 2 de la figure 15). Dans l'assistance on chuchote, on rit, on raille :

« — Mais il est dans votre main gauche, le foulard !

« — Comment donc ! je vous affirme au contraire qu'il est dans ma main droite, » répond le magicien qui s'efforce de rougir, mais qui se garde bien d'ouvrir la main... « Je continue.

« — Ouvrez d'abord votre main droite et montrez-nous le foulard.

« — Eh bien! le voilà! »

Etonnement des spectateurs.

Là-dessus, notre homme s'aide de la main gauche pour bien tasser et renfermer une seconde fois le foulard dans sa main droite, et, nouvelle maladresse apparente, tandis que cette main s'approche de la bougie, le rusé compère a l'air de fourrer rapidement quelque chose, de sa main gauche que cache son corps, dans la poche de son pantalon.

« Cette fois-ci, poursuit-il, personne ne peut douter que le foulard se trouve réellement dans ma main : attention! il va se fondre dans la flamme de la bougie... Comment?... vous dites, monsieur?... il n'y est pas?... Ah ! c'est trop fort! mais regardez encore une fois!... »

Une seconde fois, la main droite est ouverte et montre

le foulard qui est toujours là. Cette fois-ci, la main gauche ne s'en approche plus, mais, au moment où le bras droit, encore pendant, va s'élever au-dessus de la bougie, le prestidigitateur laisse agir le caoutchouc, et crac! voilà le petit foulard remonté dans sa manche.

A ce moment, les moins crédules restent cependant convaincus que le foulard est réellement dans la main du magicien, et personne n'aurait plus le courage de formuler un doute à ce sujet; aussi, quand, un instant après, la main droite ouverte apparaît vide, on ne peut s'expliquer la disparition qui vient d'avoir lieu.

Conclusion : Le petit foulard s'est fondu dans la flamme de la bougie.

Il s'agit maintenant de le faire renaître de ses cendres : c'est la deuxième partie du tour.

Un second foulard, pareil au premier, préparé comme nous l'avons dit plus haut, et caché, soit sur la *servante*, soit derrière un objet posé sur la table, est saisi secrètement par le prestidigitateur et disposé derrière sa main gauche — nous l'avons placé à la main droite, numéro 1 de la vignette, page 71, pour éviter la confusion d'une figure de plus — le petit bout *a* serré entre les deux doigts du milieu, mais de manière à ne point dépasser à l'intérieur de la main.

Le prestidigitateur a soin, évidemment, de tenir cette main de manière à n'en point montrer le dos aux spectateurs; quant à l'autre main, il la laisse voir sans affectation, dans tous les sens.

Soudain, d'un brusque mouvement, il élève les mains comme le montre le numéro 1 de la figure 71 ; le foulard, qui est placé en réalité derrière la main gauche, ne peut être aperçu des spectateurs qui sont persuadés que les deux mains sont vides. Achevant le mouvement qu'il a commencé, le prestidigitateur rejoint vivement ses deux mains au-dessus de la flamme de la bougie, recouvrant en même temps le foulard de la main droite qui s'en empare.

« Il est là! » s'écrie le magicien en montrant sa main fermée.

Personne n'en croit rien; mais il faut se rendre à l'évidence quand le sorcier, introduisant délicatement le bout de son pouce et de son index dans sa main gauche fermée, pour y saisir l'extrémité *a* du foulard, le tire brusquement avec une légère secousse, ce qui, grâce à l'élasticité du tissu, le déplie complètement.

Toutes ces explications ont été forcément bien longues et seraient des plus ennuyeuses pour qui voudrait les lire sans avoir l'intention de répéter l'expérience : elles ne deviendront très claires que si l'on veut bien les suivre en exécutant, un foulard à la main, les mouvements indiqués.

Maintenant résumons les aventures de notre petit foulard : il s'est transformé en œuf, en bougie; il a été déchiré et raccommodé; il a pris successivement toutes les couleurs de l'arc-en-ciel (voir le volume *Magie blanche en famille*, chapitres XII, XIII, XIV); il a passé, sous les yeux des spectateurs, d'une bouteille dans une autre; il vient d'être brûlé et de renaître de ses cendres : Que c'est donc beau la Magie blanche !

XVI

LE CAFÉ DE HARICOTS

UTREFOIS, dans leurs séances, les magiciens manquaient rarement d'offrir une tasse de café à un spectateur de bonne volonté. Un long appareil en cuivre jaune, de forme cylindrique, monté sur pied et qu'un couvercle non moins long — qui éveillait bien des soupçons — enveloppait de toutes parts, servait à produire du café très chaud, alors qu'on avait jeté dans la boîte intérieure toutes sortes de substances hétérogènes : liquides variés, sucre, sel, poivre, papier et le reste.

« Les temps sont changés. Voici une simple cafetière de ménage, vulgaire ustensile en fer-blanc, que toutes les cuisinières connaissent bien ; je la démonte pour vous en faire voir les différentes pièces : couvercle, passoire, filtre, cafetière.

« — Claudius ! apportez-moi du café.

« — Voilà monsieur ! »

Claudius apporte un sac en papier. Le magicien y trouve au lieu de café des haricots.

Je vous laisse à penser quelle gentille petite comédie peut se jouer alors. Bref, le magicien — n'a-t-il point sa merveilleuse baguette toujours prête à agir ? — se décide à faire du café avec les haricots.

Un petit réchaud à esprit-de-vin est apporté ; on y fait bouillir de l'eau ; la cafetière est montée ; sur les haricots, placés dans le filtre, l'eau bouillante est jetée peu à peu, suivant les règles de l'art, et il en résulte... la meilleure des infusions de café.

Dans le filtre F (n° 1, figure 16) de la cafetière qui peut. être achetée dans le premier bazar venu, prend place un second filtre D, semblable au premier, avec lequel il semble ne faire qu'un, mais moins haut d'un centimètre ; ainsi placé, le double filtre est invisible. Entre les fonds de ces deux pièces on met secrètement, avant la séance, du café en poudre.

La coupe (n° 2 de la figure 16) indique clairement la dis-

position de l'appareil ; les deux filtres sont l'un dans l'autre, on voit comment sont placés les haricots *b* et la pou-

Fig. 16. — Double filtre pour le café de haricots.

d.e de café *c*. Tout ferblantier un peu adroit peut adapter
facilement le double filtre D à une cafetière de ménage.

Ce tour bien connu des prestidigitateurs et qui depuis plusieurs années faisait invariablement partie de notre programme dans les petites séances de magie blanche en famille, a été dévoilé pour la première fois, il y a trois ans, par l'habile prestidigitateur Dickson ; c'est, croyons-nous, une des expériences les plus merveilleuses et les plus faciles que puisse exécuter un amateur de physique amusante.

LES ŒUFS DE PIERROT

NOUS sommes au cirque, et Arlequin prestidigitateur vient d'annoncer qu'il va exécuter le fameux tour de l'omelette cuite dans un chapeau. Il avait donné l'ordre à Pierrot de lui procurer des œufs frais, mais celui-ci a oublié de faire la commission.

« — Ah scélérat ! s'écrie Arlequin irrité ; tu ne m'as pas obéi ? eh bien ! va me chercher ton chapeau ! »

Pierrot revient tout tremblant avec l'objet demandé. Arlequin aussitôt lui frappe, de la main gauche, un petit coup sec sur la nuque. Le malheureux Pierrot, dont la

6

gorge se contracte, vomit alors avec effort... un œuf.

« Il me faut la douzaine, » a dit Arlequin toujours cour-
roucé, qui recommence l'opération en frappant de plus
belle sur la tête du malheureux Pierrot; et chaque fois un
nouvel œuf est obtenu.

Quand la douzaine est... pondue, le chapeau pointu de
Pierrot se trouve presque rempli ; on fait passer les œufs
dans l'assistance qui peut constater qu'ils sont en tout
semblables aux œufs de poules : on ne saurait certainement
s'en procurer de plus frais pour la confection d'une omelette.

Ce tour est fort joli et n'exige aucun appareil spécial :
nos lecteurs peuvent le répéter séance tenante.

En allant chercher son chapeau, Pierrot, caché dans la
coulisse (1), introduit secrètement dans sa bouche un petit
œuf dont il tourne en avant le gros bout (un œuf dur
vaut mieux qu'un œuf cru). Notre homme a soin de jeter
un rapide coup d'œil sur un miroir pour s'assurer qu'aucune grimace de ses lèvres, aucun gonflement anormal de
ses joues, ne révèle la présence de l'œuf dans sa bouche ;
il prend son chapeau dans lequel on a mis dix œufs, et le
tient un peu élevé, les bords appuyés au besoin contre sa
poitrine, pour empêcher qu'on puisse en apercevoir le
contenu.

---

1. Ou dans la chambre voisine, s'il s'agit d'une séance de magie blanche en
famille.

Pendant ce temps, Arlequin, tout en débitant au public
ses petits boniments, s'est emparé adroitement d'un œuf
placé d'avance dans sa ceinture et le tient caché dans la

Fig. 17. — Les œufs de Pierrot.

paume de sa main droite. Il s'avance vers le coupable et
lui donne un petit coup sur la tête. Pierrot ouvre alors la
bouche et laisse voir l'œuf qu'il fait avancer un peu entre
ses lèvres, comme pour le présenter à M. Arlequin; au

moment où celui-ci paraît saisir l'œuf de la main droite, Pierrot le fait rentrer dans sa bouche, et c'est l'œuf caché dans sa main qu'Arlequin présente au bout de ses doigts.

Cet œuf est mis dans le chapeau : on le croirait du moins ; en réalité, Arlequin l'a replacé dans la paume de sa main tandis que celle-ci était cachée par les bords du chapeau.

Les mêmes mouvements sont répetés dix fois sans interruption, avec force grimaces et contorsions de Pierrot, ce qui fait que, pour tout le monde, dix œufs ont été déposés successivement dans le chapeau. La onzième fois, Arlequin qui n'a plus besoin de son œuf, l'envoie ostensiblement rejoindre les autres et le douzième œuf est déposé dans le chapeau par Pierrot qui le produit en se frappant lui-même un petit coup sur la nuque. Le chapeau, avec les douze œufs qu'il renferme, fait le tour de l'assistance.

XVIII

UNE OMELETTE MANQUÉE

A timbale à l'omelette — c'est le nom que l'on donne au petit appareil que nous allons décrire — a succédé, pour le fameux tour classique de *l'omelette dans un chapeau*, au *pot à l'omelette* qui commençait à être un peu trop connu, et que l'on trouve maintenant dans la plupart des boîtes de jouets destinées aux enfants.

Si nous introduisons dans notre série la description de cet appareil, bien que nos lecteurs ne puissent pas le fabriquer eux-mêmes, c'est à cause de son extrême simplicité ;

tout ferblantier se chargera de le faire pour un prix minime. Les amateurs de petits travaux de cartonnage qui n'auraient à donner qu'une représentation ou deux, ne devront même pas hésiter à faire une timbale à l'omelette en carton bristol, recouvert simplement de papier d'étain, comme celui qui enveloppe les tablettes de chocolat ; l'objet, confectionné avec soin et vu d'un peu loin, pourra être utilisé faute de mieux : on n'aura qu'à le traiter en conséquence de sa fragilité.

Le numéro 1 de la figure 18 montre l'appareil qui ne peut éveiller aucun soupçon, car il a l'aspect d'un simple gobelet en métal, ou timbale. Mais, en réalité, cette timbale est double et se compose d'un gobelet extérieur sans rebord C (n⁰ 3 de la figure 18) dans lequel entre un second gobelet A où la rondelle *d*, qui en forme le fond, est soudée, non pas au bas du cylindre, mais un peu plus haut, au premier quart environ de la timbale.

Tandis que le numéro 3 de notre vignette montre séparées l'une de l'autre ces deux parties de l'appareil, on les a représentées *l'une dans l'autre* au numéro 2, où des enlèvements mettent de voir la position occupée intérieurement par chaque pièce.

On trouvera dans notre volume *Magie blanche en famille*, deux autres procédés pour exécuter le tour de *l'omelette dans un chapeau*.

Quant au boniment et à la mise en scène, ils sont

faciles à imaginer. Disons seulement ici que le prestidigitateur, avec notre timbale, renonce ordinairement à
terminer le tour, ainsi que l'assistance s'y attend toujours,

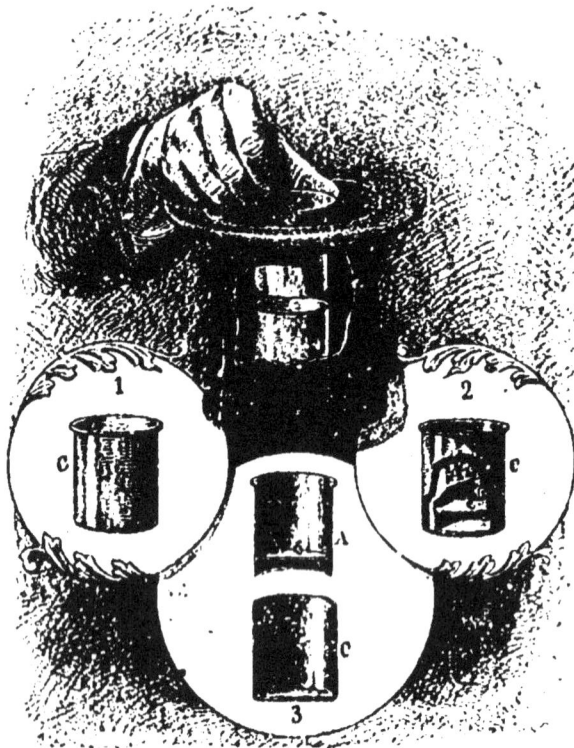

Fig. 18. — Timbale pour l'omelette.

par la présentation d'une brioche, d'une omelette ou d'une
pâtisserie quelconque ; ici, toute la magie consiste à montrer parfaitement net l'intérieur d'un chapeau, où l'on vient
de verser, après avoir fait constater qu'il était vide, une

pâte dans la composition de laquelle sont entrés des ingrédients variés... et même un œuf destiné à lier le tout.

Voici comment on s'y prend.

La *sauce* est composée dans l'appareil dont les deux parties sont réunies à ce moment (n° 1, figure 18). En indiquant du geste qu'il va verser la pâte dans le chapeau, le prestidigitateur y laisse tomber rapidement la partie extérieure C de l'appareil, tandis qu'il en retient la partie A par son rebord (voyez la figure); néanmoins les mouvements du bras doivent être très lents; l'important, c'est que la timbale ne se trouve cachée aux yeux des spectateurs, par le bord du chapeau, que pendant un instant inappréciable. C'est ensuite dans le récipient C qui, par ce moyen, a été introduit d'une manière invisible dans le chapeau, que l'on verse, de très haut, la sauce.

En faisant mine de prendre avec son doigt, tout autour dans la timbale, le reste de la pâte, le magicien remet de nouveau, par un mouvement rapide, A dans C, et enlève aussitôt le tout ensemble de sorte que le chapeau reste vide et net.

Magicien novice, ne suivez pas à ce moment du regard la timbale que vous déposerez de côté, mais tenez vos yeux fixés d'un air attentif sur le fond du chapeau, en faisant toutes sortes de réflexions sur la consistance et l'aspect de la future omelette, sur l'état dans lequel vous venez de mettre la coiffe du chapeau, etc.

Entre amis, vous pourrez, pour terminer le tour, placer brusquement, au moment où l'on s'y attendra le moins, le chapeau sur la tête de son propriétaire, qui pensera, non sans effroi, recevoir sur le crâne une sorte de cataplasme dont il n'éprouvait nullement le besoin.

XIX

LE SAC AUX ŒUFS

ui n'a rencontré sur une place publique quelque sorcier ambulant exécutant le merveilleux tour du *sac aux œufs?* Ce sac est retourné à l'endroit, à l'envers : il n'y a rien dedans : ko... ko... ko... koot ! Voici un œuf tout frais pondu qui sort du sac (figure 20).

Une seconde fois le sac est retourné, l'intérieur est mis à l'extérieur ; il n'y a toujours rien, ni d'un côté ni de l'autre, et cependant ko... ko... ko... koot ! Un second œuf est produit, et cela continue ainsi jusqu'à six, huit ou dix œufs.

Tout le secret consiste dans le sac qui est double, et formé de deux sacs cousus ensemble par leurs bords où l'on n'a réservé qu'une ouverture de la largeur voulue pour laisser passer un œuf; ordinairement, on a soin de vider les œufs pour en diminuer le poids et éviter ainsi qu'ils tirent sur l'étoffe

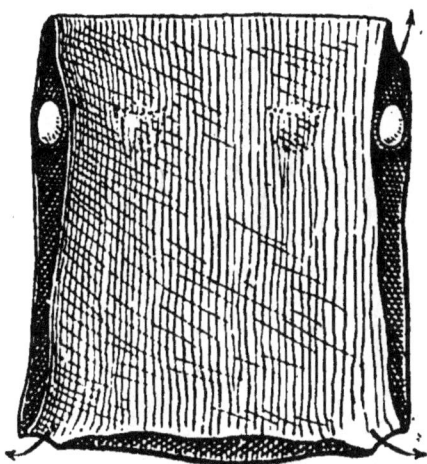

Fig. 19. — Un sac aux œufs.

Depuis cent ans que Decremps a décrit le tour du *sac aux œufs* — qui était déjà bien vieux à cette époque — on y a apporté différentes modifications. Le modèle que montre en coupe la figure ci-dessus est composé de deux sacs placés l'un dans l'autre : aux deux angles inférieurs, aux point marqués par des flèches, sont des ouvertures qui ont pour but de mieux écarter la supposition d'un double sac; là encore, les bords correspondants de l'étoffe sont cousus ensemble, de même qu'à l'orifice du double sac.

Avant la production de chaque œuf, le prestiditigateur fait sortir ses mains par ces deux trous, situés aux angles du sac, pour le retourner (voyez le cul-de-lampe placé à la fin

Fig. 20. — Les œufs sortant du sac.

de ce chapitre). La figure 19 montre que, vers la partie supérieure du sac, des pochettes sont adaptées tout autour, entre les deux étoffes, pour loger les œufs qui, de cette manière, sont maintenus écartés l'un de l'autre, ce qui diminue les chances de casse; une simple pression de la main fait sortir l'œuf de la pochette ; de là il est dirigé vers l'ouverture ménagée sur le bord du double sac, ouverture marquée par une flèche, et que l'on voit en haut, à droite de la même figure 19.

Pour introduire les œufs dans leur cachette, on place le sac entre les yeux et la lumière ; on y voit alors suffisamment par transparence pour se guider.

L'étoffe la plus convenable pour confectionner le sac aux œufs est la soie noire très forte et très souple, ou un tissu serré de laine noire ; une étoffe de couleur claire laisserait plus facilement apercevoir les ombres, les plis, ou le léger relief que pourraient former les œufs.

Ajoutons que le grand art du magicien consiste, dans ce tour, à frapper sur le sac et même à le fouler aux pieds sans endommager les œufs et sans paraître le moins du monde prendre des précautions pour cela.

XX

LE FOULARD AUX ŒUFS

ᴇꜱ prestidigitateurs ont, presque tous aujourd'hui, abandonné le *sac aux œufs* dont il a été question au chapitre précédent ; ils le remplacent par un simple foulard, par une serviette de table ou par un mouchoir de poche.

« Messieurs, le sac aux œufs est usé ; il est trop vieux, il est percé à jour ; la science a marché depuis le siècle dernier ! Voici mon foulard qui le remplacera pour une production intarissable d'œufs frais ! (n° 1, figure 22).

« Je relève en arrière les deux coins inférieurs du fou-

lard et je les amène rejoindre les deux coins supérieurs;
c'est bien encore, il est vrai, une espèce de sac que j'ai
formé (n° 2, figure 22), mais là, vous en conviendrez,

Fig. 21. — Coquille d'œuf préparée pour le foulard.

il n'est point de place possible pour un double fond :
j'incline le foulard vers ce chapeau, et il en sort un œuf.
Vite je recouvre du foulard mon chapeau tout entier car,
chose que vous ignoriez peut-être, les œufs ne sont d'un
goût délicat qu'à la condition qu'on ne les ait pas refroidis

trop brusquement, et un œuf sortant de mon foulard, messieurs, est chaud comme si la poule venait de le pondre !

« Je reprends le foulard (n° 1, figure ci-dessous), je le plie une seconde fois (n° 2) — suivez attentivement mes

Fig. 22. — Le foulard aux œufs.

opérations — et, voyez bien : un second œuf glisse dans le chapeau. Quand j'aurai la douzaine je m'arrêterai. »

Le numéro 3 de la figure montre tout le mystère. Un seul œuf, toujours le même, ou plutôt une simple coquille d'œuf est employée. Une petite cheville B (figure 21, page 96), attachée à un fil blanc F, est introduite dans la coquille vide, et l'autre bout de ce fil est cousu vers le milieu de l'un des côtés du mouchoir.

L'œuf est donc entraîné avec le mouchoir derrière lequel il est suspendu (n° 3, figure 22), chaque fois qu'on découvre le chapeau, et il se trouve replacé au milieu du mouchoir quand on relève en arrière les deux coins inférieurs de celui-ci. Inutile de dire qu'on a eu soin de placer d'avance dans le chapeau les douze œufs que l'on doit montrer ensuite aux spectateurs et qui, de l'avis de tous, sont réellement sortis mystérieusement d'un simple carré d'étoffe.

Comme on ne manque jamais, en pareil cas, de soupçonner les manches du magicien, celui-ci devra les relever soigneusement, et même permettre aux indiscrets de s'assurer que son habit ne cache rien d'anormal.

XXI

LA CANNE MAGNÉTISÉE

ERTAINS savants pré-
tendent que l'on ne
peut soumettre à
l'influence du ma-
gnétisme que les
êtres vivants et sen-
sibles : les hommes
et les animaux.
Erreur profonde,
messieurs ; le pre-
mier objet venu
peut être magnétisé
par un prestidigita-
teur et passer successivement dans les états de catalepsie,
de léthargie, de somnambulisme (!). J'espère bien vous en
convaincre.

« Monsieur, vous avez là une jolie canne : veuillez me la prêter pour un instant.

« Je m'assieds, je pose le bâton debout devant moi, je le maintiens un instant dans cette position avec ma main gauche, tandis que ma main droite y jette des torrents de fluide et que mon regard fascinateur ajoute son action puissante...

« Je retire la main: la canne reste immobile; je la fais incliner à droite, à gauche, en avant, en arrière; mes bras étendus à distance l'attirent et la repoussent à mon gré; elle s'agite, elle tressaille, elle s'endort.

« Je me lève et je vous apporte la canne, je vous fais examiner mes mains, je vais m'asseoir sur une autre chaise, je recommence l'expérience, la canne magnétisée m'obéit toujours. »

Le secret?

Un fil mince de soie noire, long de soixante centimètres, et dont les extrémités sont cousues ou épinglées, l'une à la jambe droite, l'autre à la jambe gauche du pantalon de l'opérateur, intérieurement, à la hauteur des genoux. Le fil ainsi disposé n'empêche pas de marcher librement; il se tend quand le prestidigitateur assis écarte ses jambes.

Au moment d'exécuter le tour, on soulève la canne en l'air, sous prétexte de l'examiner de haut en bas; puis, en la posant à terre, on la fait passer entre la chaise et le fil tendu contre lequel elle vient s'appuyer, légèrement inclinée.

Fig. 23. — La canne magnétisée.

Si l'on préférait fixer un peu mieux la canne au fil, on en relèverait en avant l'extrémité inférieure, tout en gesticulant, pour la faire repasser une seconde fois, de haut en

bas, entre le fil et la chaise ; de cette manière elle se trou-
verait complètement entourée et serrée par le fil. .

D'une manière ou d'une autre, les divers mouvements
de la canne sont ensuite commandés par ceux des genoux
qui s'éloignent et se rapprochent l'un de l'autre, brusquement ou doucement selon les circonstances.

Un boniment joyeux, une franche gaieté et beaucoup
d'esprit sont l'assaisonnement indispensable de ce petit tour
bien simple, dont l'effet est charmant.

XXII

BILLE AUX COULEURS CHANGEANTES

ETITS [enfant, voici pour vous un tour de magie blanche, amusant et facile, pourvu que vos aînés prennent la peine — c'est le plaisir qu'il faudrait dire — de construire la petite boîte en carton que nous allons décrire. Mais, comme toujours, commençons par le boniment :

« Dans cette petite boîte cylindrique en carton, dont le couvercle se termine en cône comme un abat-jour, j'introduis par l'orifice ménagé à la partie supérieure (voyez A, n° 2 de la figure 24) une petite bille blanche. Or, ma boîte jouit de la curieuse propriété de faire changer à volonté la couleur des objets qu'on y met. De quelle couleur voulez vous que devienne ma bille : rouge, verte, jaune, bleue ou noire ?

« — Faites-la devenir rouge.

« — La voici rouge. Remettons dans la boîte cette bille rouge et qu'elle devienne ?

« — Jaune !

« — La bille est jaune maintenant ; elle changera de couleur chaque fois qu'elle passera dans ma petite boîte. »

Amateurs de petits travaux de cartonnage, voici de l'ouvrage. Bien vite, fabriquez la *boîte à la bille changeante* qui vous montre tous ses secrets dans la vignette de la page suivante.

Commencez par disposer dans la boîte B, que vous aurez formée ou que vous aurez trouvée toute faite, six cloisons verticales qui la diviseront en six compartiments égaux ; le numéro 2 de la vignette vous montre comment les six séparations *s s s s s s* sont disposées sur le fond F de la boîte, et l'enlèvement qui a été fait à cette même boîte, au numéro 1, vous montre que chaque compartiment reçoit une bille *b;* chacune de ces billes est d'une couleur différente.

Notre boîte est fermée dans le haut par un disque de carton D (n° 3), dans les bords duquel ont été pratiquées circulairement six échancrures *o o o o o o*, qui sont les ouvertures des six compartiments de la boîte.

Vous voyez le couvercle C aux numéros 1 et 2 de la vignette.

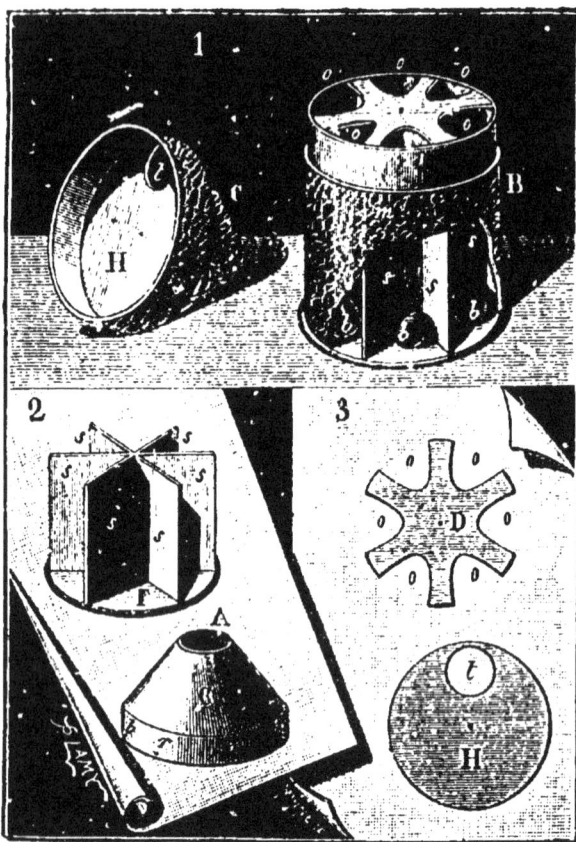

Fig. 24. — Boîte pour la bille aux couleurs changeantes.

A la naissance du cône qui le surmonte, ce couvercle est divisé dans sa hauteur par un disque de carton H, où, vers le bord a été pratiqué un trou rond t (n°s 1 et 3 de la vignette) ; ce trou, placé en regard de l'une des ouvertures *o* de la boîte peut donner aisément passage à une bille. Boîte et couvercle, recouverts d'un papier de couleur (n° 1) marbré de préférence, portent des signes imperceptibles, à l'usage du seul magicien: sur la boîte B un point *m* (n° 1); tout autour du couvercle, six petits points : un blanc, un rouge, un bleu, un vert, un jaune, un noir Vous allez voir l'utilité de ces signes et la manière de les disposer.

Ayant devant vous les six billes de couleur, — six boulettes de mie de pain, durcies et peintes feraient très bien l'affaire — placez le couvercle C sur la boîte B; les disques D et H, qui appartiennent à ces deux pièces se toucheront alors.

Faites tourner sur lui-même le couvercle jusqu'à ce que le trou *t* de son disque H soit exactement en regard de l'une des ouvertures *o* de la boîte, et remarquez que, de ce fait, les cinq autres ouvertures *o* se trouvent fermées.

Introduisez dans l'appareil, par l'ouverture supérieure A, la bille blanche, et faites-la tomber dans celui des compartiments de la boîte qui est ouvert à ce moment ; puis, juste au-dessus du petit trait noir *m* de la boîte, marquez. au bord du couvercle, un petit point blanc *b*.

Faites pivoter le couvercle d'un angle de 60 degrés; ce qui amènera le trou *t* en regard de l'ouverture *o* d'un compartiment voisin de celui où vous avez mis la bille blanche. Introduisez, par l'ouverture A. la bille rouge et faites un petit signe rouge sur le bord du couvercle, au point qui se trouve maintenant au-dessus de la marque *m* de la boîte; continuez à faire pivoter, toujours dans le même sens, votre couvercle, de manière à découvrir successivement toutes les ouvertures *o* de la boîte; introduisez chaque fois une bille dans le compartiment correspondant et faites un signe de la couleur voulue sur le bord du couvercle, toujours au point amené en regard de la marque *m* de la boîte. Ces signes de couleurs variées pourront être un point fait au pinceau, ou un fragment minuscule de papier de couleur collé à l'endroit voulu; sur une boîte recouverte d'un papier marbré, c'est imperceptible.

Les choses étant disposées comme nous venons de l'expliquer, voici la manière de présenter le tour.

On met le signe blanc du couvercle en regard de la marque *m* de la boîte; on retourne celle-ci sens dessus dessous et la bille blanche en sort; après avoir remis cette première bille dans la boîte, en ayant soin de la faire descendre dans son compartiment, on fait pivoter le couvercle jusqu'à ce qu'on ait amené en face de la marque *m* le signe de la couleur désignée par les spectateurs; c'est alors la bille de cette dernière couleur qui sort quand on renverse la boîte.

Toute boîte cylindrique en carton pourra être facilement

utilisée pour construire notre petit appareil ; on surmontera d'un cône ouvert dans le haut le couvercle de la boîte, après y avoir fait le trou *t ;* dans la boîte, on mettra les cloisons, et on ajoutera le disque D

Si l'on construisait l'appareil de toutes pièces, il serait peut-être préférable de faire un couvercle dont le bord descendrait jusqu'au bas de la boîte qu'il envelopperait complètement ; dans ce cas, on ferait la marque *m* sur le bord du fond F de la boîte.

XXIII

LES MÉTAMORPHOSES D'UNE CARTE

oici toute une série de jolis petits tours d'exécution facile que l'on pourra présenter les uns à la suite des autres.

On y fait subir à des cartes à jouer toutes sortes de transformations et la multiplicité des moyens employés ici est bien propre à dérouter complètement le spectateur. De l'entrain dans le boniment, du verbiage, une certaine rapidité d'exécution, feront de cette série de métamorphoses l'un des plus jolis numéros du programme d'une séance de magie blanche en famille.

Nous verrons nos cartes se changer successivement en œufs, en petites valises, en souris et en images grotesques.

Point n'est besoin, pour cette première transformation, d'une carte préparée.

Un œuf est vidé, comme nous l'avons expliqué déjà précédemment, en pratiquant des petits trous à ses deux bouts. La coquille, fort légère, est ensuite fixée au dos d'une carte par un peu de cire blanche ramollie dans les doigts.

Présentez à vos spectateurs, mais de la main gauche, la carte à transformer, comme le montre le numéro 1 de la figure 25, page 111. L'œuf attaché au dos de cette carte ne peut être vu de personne.

Tout en causant, placez la carte dans la position que montre le numéro 2 ; l'œuf est alors appuyé contre la paume de la main.

Passez lentement de haut en bas votre main droite devant la carte (n° 3) dont vous vous emparerez, la tenant *empalmée* (n° 4 de la vignette). En cet instant, tous les regards des spectateurs seront fixés sur l'œuf dont ils ne pourront s'expliquer l'apparition, car vous aurez dû prendre la précaution de relever vos manches si elles ne sont pas collantes; il vous sera très facile de vous défaire

Fig. 25. — Comment la carte devient un œuf.

de la carte enlevée sans attirer l'attention, soit que, en abaissant le bras, vous la laissiez tomber sur une *servante* ou ailleurs, soit que vous la glissiez tout simplement dans une poche de votre habit, ou de votre robe de magicien.

En employant une carte très épaisse et forte, doublée d'une autre carte au besoin, et un œuf tout petit, vous pourriez, à la rigueur, vous dispenser de vider celui-ci, ce qui vous permettrait de le faire examiner ensuite; il faudrait, dans ce cas, éviter avec soin tout mouvement un peu brusque, autrement gare l'omelette, et les bravos ironiques qui sont parfois, hélas, le lot du magicien novice ou maladroit!

XXIV

LES MÉTAMORPHOSES D'UNE CARTE
(*Suite.*)

DEUXIÈME TRANSFORMATION. — LES PETITES VALISES

PRÈS avoir jeté dans un chapeau un certain nombre de cartes, on en retire tout autant de petites valises.

Au magicien de mettre en relief et d'encadrer dans une jolie mise en scène ce petit tour qui nous fournira l'occasion d'un amusant travail de cartonnage. La fabrication de deux douzaines des jolies petites valises nécessaires ici sera l'occupation d'une soirée.

Prenez une carte *b* (figure 26, page 114); nous avons supposé un as de trèfle; au moyen de petites bandes de toile

8

faisant charnières, réunissez à cette carte les morceaux *a*, *c*, *d*, *e*, *f*, taillés dans de vieilles cartes; une sixième charnière rattachera le côté gauche de *f* au côté droit de *b*. Les

Fig. 26. — Les cartes qui se changent en petites valises.

deux bouts d'un petit cordon seront passés dans deux trous *x x*, percés vers le milieu de chacun des deux petits côtés de *e*, et viendront se rattacher aux deux entailles *d d* qu'on voit aux extrémités des pièces *a* et *c*.

Si l'on tire le cordon par le milieu, on obtient la petite

valise A, où l'on voit que les pièces *a, c, d, e, f*, ont été recouvertes d'un papier marbré ou chagriné.

Pour replier la petite valise on commence par en rabattre les côtés *a* et *c* (B et C de la figure 26) puis le côté *d* (D, à droite de la vignette), et enfin le côté *f*; toutes les parties de la petite valise ainsi repliées doivent être serrées contre la carte entre le pouce et l'index de la main qui tient celle-ci.

Pour retirer du chapeau les petites valises, on emploie les deux mains; le pouce et l'index de la main gauche retiennent par les deux petits côtés la carte *b*, tandis que, de la main droite, on tire le petit cordon dont on a saisi le milieu; cette opération a pour résultat, comme nous l'avons vu, de développer la petite valise.

XXV

LES MÉTAMORPHOSES D'UNE CARTE

(*Suite.*)

TROISIÈME TRANSFORMATION. — LA CARTE-SOURIS

UAND vous assistez à une séance de magie, vous êtes bientôt fascinés et troublés à un tel point, messieurs, qu'il est facile au prestidigitateur de vous faire prendre une chose pour une autre, et même votre crédulité devient parfois extrême.

« Ainsi, il me suffit de vous dire : voilà une carte à jouer, un *valet de trèfle,* pour que vos yeux voient dans mes mains un valet de trèfle ; et cependant, ce que je tiens n'est pas une carte : c'est une petite souris que vous distinguez fort bien maintenant; à mon gré, c'est de nouveau l'image du *valet de trèfle* qui se peint sur votre rétine; il me suffit chaque fois, pour opérer un changement, de passer ma main devant l'objet.

« Me plaît-il de vous faire croire que je tiens une rose? la chose est tout aussi facile : un nouveau passage de ma main devant la carte, fait changer votre hallucination; vous seriez prêts maintenant à jurer que je tiens au bout de mes doigts une rose.

« La fleur redevient *valet de trèfle*, puis elle prend l'aspect d'une tête de poupée, d'une boîte d'allumettes, d'une tabatière, d'une éponge, d'un fruit, d'un légume; en un mot, l'objet que je vous montre est tout ce qu'il me plaît de vous faire voir.

« Ne cherchez donc plus à comprendre mes tours, car vos raisonnements et vos inductions ne reposeraient que sur des chimères, sur des fantômes, sur de vaines apparences. »

Tel est, en résumé, le boniment qui peut accompagner ce tour, dont nous avons autrefois dévoilé le principe dans la *Nature* et que nous donnons ici avec quelques variantes.

Il faut une carte préparée de la manière suivante :

Prenez une carte à jouer quelconque et un valet de trèfle, par exemple; posez les deux cartes l'une sur l'autre et divisez-les, d'un trait de canif, en trois morceaux A B C, (n° 4, figure ci-dessous), laissant un peu plus grand le morceau du milieu.

Dans un de ces bracelets en caoutchouc dont on se sert

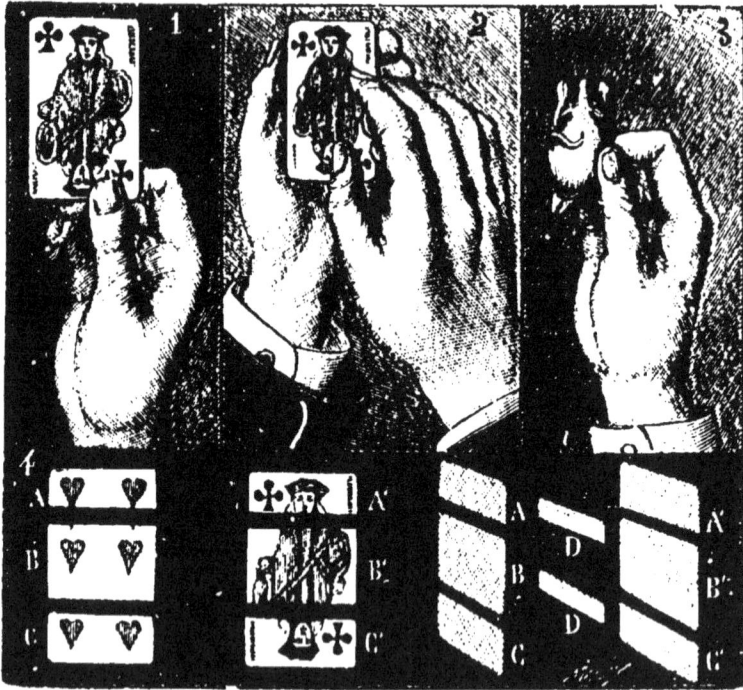

Fig. 27. — Carte qui se change en une souris.

dans les bureaux, taillez deux bandes D D, de longueur égale à la largeur d'une carte à jouer; rapprochez l'un de l'autre les trois morceaux de la première carte (que nous avons supposé être un six de cœur) et, sur les deux traits de canif qui ont divisé cette carte, fixez, avec de la colle

forte, les bandes de caoutchouc D D. Quand ce premier
assemblage sera sec, collez les morceaux A' B' C' du valet
de trèfle sur les morceaux A B C du *six de cœur*. Vous
aurez ainsi une carte qui pourra se replier, mais qui, tenue
par un angle (n° 1) restera droite et présentera l'aspect d'une
carte non préparée.

Derrière la partie B de la carte, collez, à votre choix,
une petite souris en drap, une fleur artificielle en étoffe, une
boîte d'allumettes ou une tabatière.

Quand vous voudrez opérer la métamorphose de la
carte, tenez-la d'abord de la main droite pour la montrer
à l'assistance (numéro 1 de la figure 27); puis, faites-la passer
dans votre main gauche, dans la position indiquée au
numéro 2, et au moment où elle sera masquée par la main
droite qui passera lentement devant elle, rabattez l'une vers
l'autre ses extrémités A et C et retournez aussitôt la carte
en la faisant passer dans la main droite pour présenter
la petite souris, comme le montre le numéro 3 de la
figure 27; là le pouce et l'index tiennent la carte repliée en
arrière, opposant une résistance à la traction du caoutchouc
qui tend à la développer.

Quand la souris sera redevenue *valet de trèfle*, jetez la
carte négligemment dans une boîte assez grande, une corbeille si vous voulez, où vous aurez paru la prendre au
hasard; remplacez ensuite cette carte par une *carte-taba-
tière*, une *carte-fleur* ou une *carte-boîte d'allumettes*,

toutes construites de la même manière, avec des valets de trèfle, et que vous présenterez comme étant toujours la même carte.

C'est là encore un tour que les moins habiles sauront exécuter d'une manière fort convenable après quelques essais répétés devant un miroir ou, ce qui vaudrait mieux encore, devant un ami impitoyable, chargé de critiquer l'opérateur.

XXVI

LES MÉTAMORPHOSES D'UNE CARTE

(*Suite.*)

QUATRIÈME TRANSFORMATION. — LES CARTES ENSORCELÉES

E magicien développe cinq cartes en forme d'éventail dont son pouce occupe le centre.

« Vous croyez peut-être, messieurs, dit-il aux spectateurs, que ces cartes représentent un trois de carreau, un dix de trèfle, un huit de pique, un six de carreau, un as de cœur? (n° 28, figure 1). Erreur profonde, car vous êtes tous, en ce moment, les jouets d'une étrange illusion d'optique ; ce qui vous semble être des cartes est en réalité la photographie — ressemblance garantie — de plusieurs démons qui ont coutume de présider aux sortilèges de la magie. Tenez, je vais souffler sur vous, et vos yeux s'ouvriront : dès lors vous ne verrez plus les cartes, mais bien les diables... Voilà ! » (n° 2, figure 28).

En effet, le magicien ayant réuni les cartes dans ses mains, les étale une seconde fois en éventail, après avoir soufflé sur les spectateurs, dont les yeux, « que ne recouvre plus aucun voile », aperçoivent cinq horribles démons.

« Mais, poursuit le magicien, les cinq diables ne sont pas toujours aussi noirs ; ils prennent parfois un aspect moins hideux, celui par exemple de personnes connues, dont nous disons volontiers, à cause de leur méchanceté, qu'elles ont le diable au corps; voyez plutôt ! »

Une seconde fois le magicien ramène les unes sur les autres les cinq cartes, et lorsqu'il les développe ensuite en éventail, une nouvelle transformation apparaît : on voit des personnages (n° 3, figure 28) d'aspect fort peu terrible et pas du tout diabolique ; ainsi le personnage B que montre notre figure 29, page 127, a l'air très pacifique. Cependant, le croiriez-vous ? il manque rarement de se trouver dans l'assistance quelque spectateur convaincu qui, moyennant un peu de bonne volonté et beaucoup d'imagination, parvient à trouver maint trait de ressemblance entre les *portraits* qu'il aperçoit et la figure, à lui peu sympathique, de telle ou telle personne qu'il abhorre.

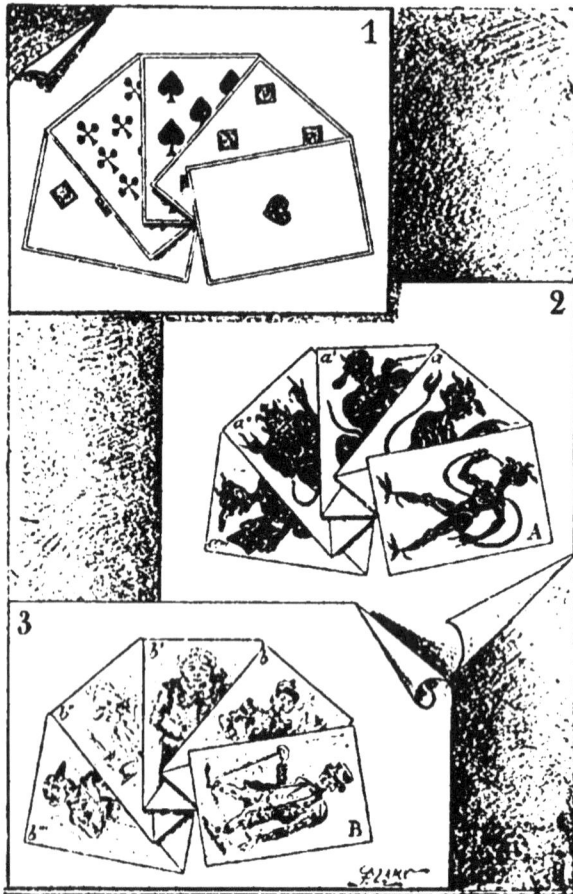

Fig. 28. — Les cartes endiablées.

«—Ah ! s'écriait l'autre jour, pendant une séance de magie, en levant son poing serré, un gros monsieur témoin de ces métamorphoses des cartes : je le disais bien que ce n'était qu'un démon !

« — Qui donc ?

« — Eh ! ma belle-mère ! voilà bien son image sur la carte du milieu : sa figure cache maintenant le diable grincheux en colère qu'on y voyait tout à l'heure. » Et le bon monsieur, dans son immense crédulité — il y a au monde des gens de cette force-là — ne paraissait pas du tout plaisanter.

Indiquons la manière de préparer les cartes nécessaires pour l'exécution de ce joli tour de magie qui n'est qu'une variante d'une récréation analogue publiée autrefois par nous dans la *Nature*, l'excellente revue de M. Gaston Tissandier. Là, il s'agissait d'un certain nombre de *dames de carreau*, transformées successivement en *valets de pique*, puis en *as de cœur*.

Prenez six cartes à jouer quelconques; par exemple celles que représente le numéro 1 de la figure 28 ; dessinez ou découpez dans un journal illustré, cinq personnages noirs (n° 2) et procurez-vous cinq personnages coloriés du genre de ceux que l'on voit au numéro 3 de la même figure 28 et que l'on trouve facilement, soit dans une image d'Épinal, soit dans ces collections de chromos que distribuent certains marchands, en prime, à leurs clients.

Laissez intacte la première de vos six cartes, soit l'as de cœur.

Sur une seconde carte quelconque, collez d'un côté un personnage noir tout entier (A, figure ci-dessous), et, sur le dos de cette même carte, un personnage en couleur (B, même figure). Divisez ensuite, d'un coup de ciseaux

Fig. 29. — La carte à double face.

donné en diagonale, les rectangles de papier, grands comme une carte à jouer, où sont représentés des personnages noirs (série *a*); faites-en autant pour les personnages en couleur (série *b*) et collez deux des triangles ainsi obtenus, un de chacune des séries *a* et *b*, au dos du trois de carreau, du dix de trèfle, du huit de pique et du six de carreau, de manière à obtenir les cartes que représente la figure 30, page 129.

Reste à s'exercer tant soit peu au maniement de ces cartes, afin de pouvoir présenter habilement l'expérience : c'est l'affaire d'un quart d'heure.

Avant la séance, on a déposé sur une table les six cartes préparées, face en dessus, la carte AB (celle dont notre figure 29 montre les deux faces) sous toutes les autres ; sur le paquet est l'as de cœur, la seule carte qui, on s'en souvient, n'a subi aucune préparation.

On commence par lever cette dernière carte et, assez rapidement, on en fait voir les deux côtés aux spectateurs ; on ramasse successivement les quatre cartes suivantes dont on ne laisse pas voir le dos ; tout en causant, on pose, un court instant, les cinq cartes ainsi ramassées sur la carte AB restée sur la table, à moins qu'on ait préféré enlever celle-ci en même temps que la cinquième, et on développe le jeu en éventail, en dissimulant, derrière les autres, la carte AB.

Pour faire paraître les cartes de la série A, il suffit de cacher cette fois derrière l'éventail de cartes l'as de cœur, et de placer la première la carte A qui montre en entier le personnage noir ; chaque carte, à partir de celle-ci, cache la partie de la carte suivante qui représente un sujet différent *b*, lequel, à son tour, sera seul visible tout à l'heure.

Enfin, pour la troisième transformation, le jeu n'est plus

retourné sens dessus dessous, mais renversé de manière à
ce que le côté des cartes qui tout à l'heure était tourné en

Fig. 30. — Une face des cartes endiablées.

haut se trouve maintenant en bas, du côté du pouce de
l'opérateur; la seule carte AB, qui doit encore se trouver la
première, est retournée sur elle-même dans le mouve-

9

ment qui rassemble les cartes entre les mains, afin de présenter à la vue son côté B au lieu de son côté A.

L'expérience est encore plus jolie avec un nombre de cartes plus considérable. Ceux de nos lecteurs qui connaîtraient le dessin ou qui posséderaient une collection convenable de chromos et d'images noires du format voulu, pourraient composer des jeux complets de trente-deux ou de cinquante-deux cartes *ensorcelées*.

Si l'on n'avait à sa disposition qu'une seule catégorie d'images, on formerait comme suit les trois séries de cartes :

Première série. Cartes à points : des sept, huit, neuf, dix, de différentes couleurs.

Deuxième série. Cartes représentant des figures : rois, dames, valets.

Troisième série. Chromos, caricatures ou images quelconques.

Dans ce cas, voici la composition du jeu.

Une carte — sept de pique par exemple — non préparée.

Une figure — un roi — collé dos à dos avec une caricature entière ; enfin, toutes les autres cartes simples collées dos à dos avec des cartes représentant des figures, et la moitié de ces figures divisées par une diagonale, recouverte d'une caricature.

Inutile de dire que la manière d'opérer est ici la même

que dans le premier cas; seul le résultat est un peu différent. Suivant la première manière, des cartes deviennent successivement personnages noirs ou caricatures en couleur;
dans la seconde manière, on montre d'abord des cartes à
points qui, par une première transformation, deviennent
des figures : rois, dames, valets, pour devenir, dans une
troisième transformation, une série de personnages grotesques.

A chacun de choisir ce qui lui plaira davantage et de
faire en conséquence son petit boniment.

XXVII

LES CUILLERS MUSICIENNES

ı je vous affirmais que les trois cuillers à café que vous voyez dans des verres à pied sur cet harmonium sont des cuillers savantes, qu'on leur a enseigné la musique, qu'elles ont une oreille si bien exercée qu'elles sont capables de distinguer les sons de hauteurs différentes et de désigner les diverses notes de la gamme, vous me diriez que la plaisanterie dépasse les bornes permises. Voyons pourtant ce qu'il en est.

« Mettant de côté les cuillers du deuxième et du troisième verre, commandez à celle qui reste dans le premier, de vous désigner au passage la note *ré* ; faites parler d'abord successivement diverses autres notes de l'instrument : la cuiller ne bouge pas ; touchez le *ré* : aussitôt, joyeuse, elle se met à trembler et à sautiller contre le bord du verre ; insensible aux autres notes, elle se remet en mouvement chaque fois qu'elle entend sa note favorite, que cette note soit produite par l'harmonium ou par un violon, même à l'autre extrémité de la salle.

« Les deux autres cuillers sont sensibles de la même manière aux sons du *mi* et du *fa*.

« Si vous laissez simultanément les trois cuillers dans leurs verres, et si vous jouez une mélodie quelconque, l'une ou l'autre des petites cuillers tressaillira de joie chaque fois que vibrera la note qu'elle a appris à reconnaître. »

A dire vrai, seuls les verres sont sensibles dans cette petite expérience basée sur le phénomène de résonance suivant :

On sait que si un son musical est produit dans le voisinage d'un objet capable de donner en vibrant une note, cet objet, auquel l'ébranlement de l'air se transmet, vibre aussitôt à l'unisson du premier, qu'il s'agisse d'un diapason, d'une corde, d'une cloche, d'un verre en cristal, ou de toute autre chose de ce genre.

On peut constater le phénomène de différentes manières.

Appuyez sur la pédale d'un piano pour écarter les étouffoirs des cordes de l'instrument, et chantez une note quel-

conque, ou bien jouez cette note sur un violon; les cordes
correspondantes du piano se mettront à vibrer. Il en serait
de même pour tout autre instrument à cordes tel que gui-

Fig. 31. — Cuillers musiciennes.

tare, harpe, cithare, mandoline. Si vous poussez un cri aigu,
plusieurs cordes seront ébranlées : ce seront toutes celles qui
donnent les diverses notes qui auront composé votre cri.

Pincez la première corde de chant, le *la*, d'une cithare : la seconde corde, qui donne également le *la*, s'ébranlera et continuera à vibrer, même quand vous aurez éteint le son de la première.

Nos trois verres en cristal placés sur l'harmonium devront donner chacun, à la percussion, l'une des trois notes *ré, mi, fa* ; pour cela, on les aura préalablement accordés, au besoin, au moyen d'un peu d'eau, comme nous l'expliquerons plus loin (chapitre XLV, page 231). Ce sont donc les verres qui vibrent, et qui font ainsi sautiller les manches des petites cuillers.

Il faut choisir autant que possible, pour cette récréation, des cuillers très légères et des verres un peu profonds, afin que le mouvement vibratoire s'éteigne moins vite ; à défaut de cuillers assez légères, on prendrait, pour les remplacer, de fines aiguilles à tricoter.

XXVIII

UN SAUT DE CARTE

ETTE expérience peut s'exécuter de deux manières : l'une très simple, à l'usage des magiciens amateurs, qui, novices encore dans l'art de la prestidigitation, ne sont pas familiarisés avec les différents artifices employés dans l'exécution des tours de cartes ; l'autre, plus brillante, à l'usage de ceux qui, ayant acquis l'adresse nécessaire, connaissent le *saut de coupe*, l'*enlevage*, l'*empalmage* et le *posage* d'une carte.

Supposons d'abord le premier cas. Un jeu de cartes est renfermé dans une simple boîte en carton que les spectateurs viennent d'examiner; une carte choisie par un spectateur est marquée par lui au crayon, puis posée sur le jeu dans la boîte qui est aussitôt refermée. La carte s'échappe invisiblement de sa prison, et elle est retirée aussitôt après, par le magicien, d'une enveloppe cachetée que l'on n'avait pas aperçue sur sa table.

Dans le second cas, la carte à jouer, marquée au crayon, est placée *au milieu* du jeu par le spectateur, mais ramenée secrètement au-dessus, au moyen d'un *saut de coupe*, par le prestidigitateur qui a recours ensuite successivement à l'*enlevage*, puis à l'*empalmage* de la carte qu'il conserve cachée dans la paume de sa main pendant que le jeu est mélangé par les spectateurs, et qu'il termine par le *posage* de la carte sur le jeu, en reprenant celui-ci pour le mettre dans la boîte, figures en dessous. Ces diverses opérations, exécutées avec l'adresse voulue, nous ramènent au premier cas.

Décrivons maintenant l'appareil très simple qu'il faudra employer. C'est une petite boîte rectangulaire en carton, ayant intérieurement huit centimètres et demi de longueur sur cinq et demi de largeur et un centimètre de hauteur; un jeu de cartes ordinaire y est à l'aise et en occupe à peu près entièrement la capacité.

Le couvercle *c* plus long et plus large de quatre millimètres environ, a d'ailleurs exactement la même forme que la boîte qu'il recouvre complètement. Un semblable appareil

ne peut éveiller aucun soupçon ; aussi ne faut-il pas manquer de le faire passer entre les mains des spectateurs, auxquels il est toujours bon de prouver — quand c'est possi-

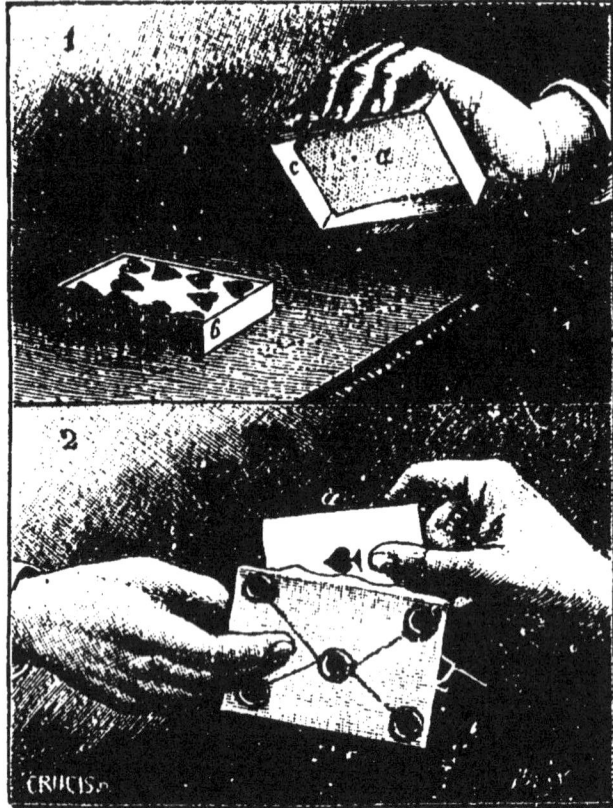

Fig. 32. — Comment a lieu le saut de carte.

ble — que les objets dont on va se servir, pour exécuter
d'inexplicables disparitions, ne sont pas truqués. La seule
chose à leur cacher ici, c'est une boulette de cire ramollie

au contact de la main, que l'opérateur dissimule entre ses doigts et qu'il applique à l'intérieur, au centre du couvercle, au moment où il place celui-ci sur la boîte pour la fermer. Une légère pression des doigts qui tiennent la boîte fait adhérer la carte supérieure au fond du couvercle, qui l'entraîne avec lui quand ensuite on découvre la boîte ; un coup de pouce détache la carte et la fait tomber à plat sur la table ; un second coup donné avec l'ongle fait sauter la boulette de cire, tout cela en moins de temps qu'il n'en faut pour le dire, de sorte que le couvercle et la boîte avec son contenu peuvent être aussitôt rendus aux spectateurs, pour être de nouveau par eux examinés.

Ceux-ci n'ont pas encore eu le temps de jeter un coup d'œil sur le jeu, que le magicien les prie de ne point prendre la peine de chercher la carte marquée : « La voici, s'écrie-t-il, renfermée dans cette enveloppe scellée de cinq cachets. » L'enveloppe déchirée, on en voit sortir la carte, comme au numéro 2 de la figure 32.

En réalité, ce n'est là qu'une illusion ; la carte a été ramassée sur la table en même temps que l'enveloppe cachetée, mais vide, sous laquelle le prestidigitateur l'a fait glisser ; la carte passe donc *derrière* l'enveloppe et n'en sort pas comme il paraît. Le procédé est trop audacieux et trop simple à la fois pour être soupçonné. L'air innocent et convaincu du magicien qui déchire soigneusement le pli de son enveloppe, le regard inquiet qu'il y jette, le sourire de

satisfaction qui se peint sur son visage au moment où il y
découvre la carte, cela seul suffirait à créer une illusion.
« Oui, messieurs, en affaires d'escamotage surtout, *audaces
fortuna juvat* »; ce qui veut dire en bon français qu'il ne
faut pas craindre, quand on fait le métier de magicien,
d'avoir un peu, et même beaucoup de toupet.

XXIX

LES CONSÉQUENCES D'UN COUP DE FEU

ISEZ bien ma figure, a dit le sorcier : Une... deux... trois, feu ! — Et puis un cri de douleur est sorti de ses lèvres, il a porté la main à sa bouche et il se met à en tirer un ruban de soie d'une longueur prodigieuse : ce ruban d'abord rouge, devient tour à tour vert, blanc, bleu, jaune, lilas, et met un si long temps à sortir qu'on se demande si l'on en verra jamais la fin.

Mais ce n'est pas tout.

Lorsque l'on arrive enfin au bout de cet immense ruban qui, enroulé sur lui-même entre les mains du magicien forme alors un paquet considérable, comme le montre notre vignette, page 145, on y voit remuer quelque chose :

c'est un magnifique lapin que le prestidigitateur en fait sortir à la profonde stupéfaction des spectateurs.

Les magiciens de profession exécutent ordinairement ce tour avec des petits rouleaux de papiers de couleur assez semblables aux *serpentins* que l'on vend à l'occasion du carnaval, mais beaucoup plus petits. Ces petits rouleaux de papier forment un disque de trois centimètres de largeur sur sept millimètres d'épaisseur ; le papier en est très mince et cependant assez fort : il y en a une longueur de dix à douze mètres par rouleau. (Voir la figure 34, page 151, lettre S).

Ces petits serpentins spéciaux viennent d'Allemagne ; on ne peut pas se les procurer facilement, et l'exécution du tour, avec ces rubans fragiles, présente pour certaines personnes quelque difficulté à cause de la rupture du papier qui se produit souvent.

Nous conseillons donc aux amateurs d'adopter de préfé- rence les minces rubans de soie que l'on vend sous le nom de *faveurs;* six ou sept pièces de ce ruban, chacune d'une couleur différente, permettront d'obtenir un fort joli résultat.

On en formera des petites pelotes rondes de la manière suivante.

D'abord on coudra bout à bout des morceaux de faveurs de différentes couleurs, jusqu'à ce qu'on ait obtenu un ruban long de 20 à 25 mètres.

Sur une aiguille à tricoter, et parallèlement à celle-ci, on appliquera un bout de ruban sur lequel on enroulera tout

Fig. 33. — Le ruban qui sort de la bouche.

le reste, en serrant très fort ; on obtiendra d'abord une sorte de fuseau qu'on transformera peu à peu en une pelote aussi

10

.ronde que possible. Une petite boulette de cire arrêtera le second bout du ruban ; on retirera l'aiguille et l'on coupera l'excédent du bout sur lequel on aura commencé l'enroulement, et qui ne devra pas sortir de plus d'un centimètre de la pelote de ruban.

Ayant fait cinq ou six pelotes semblables, placez-en deux ou trois sur votre poitrine, ou dans votre ceinture, et les autres également à proximité de vos mains, sur la *servante* accrochée derrière une table ou au dossier d'une chaise.

Au moment où vous commanderez de faire feu, vos deux mains seront placées en arrière, ce qui vous permettra de prendre habilement, pour la cacher aussitôt dans la paume de votre main droite, une pelote de ruban, mise secrètement dans la poche de derrière de votre habit, ou simplement accrochée à votre pantalon. En portant la main à votre bouche, vous y introduirez la pelote et vous en saisirez aussitôt le petit bout de ruban qui dépasse ; chaque main, tour à tour, en fera sortir une longueur de 50 centimètres environ.

Dans ce mouvement continuel des bras il est facile de prendre, l'une après l'autre, sur la poitrine ou sur la *servante*, les autres pelotes de ruban que l'on porte à la bouche dès que l'on sent que la précédente va être au bout ; cette introduction des pelotes dans la bouche est absolument invisible si, chaque fois que l'une et l'autre main s'approchent des lèvres, on a soin de les tenir exactement dans la même position que celle qui sera nécessaire pour l'introduction des pelotes; il sera bon de s'exercer à cette manœuvre devant un miroir.

Enfin, lorsque l'expérience touchera à sa fin, approchez-vous insensiblement, peu à peu, d'une *servante* accrochée derrière votre table ou au dossier d'une chaise; saisissez-y habilement par les oreilles le pauvre petit lapin prisonnier dans une corbeille et que, pendant un moment encore, vous pourrez dissimuler derrière le paquet de rubans en mouvement, juste le temps nécessaire pour vous éloigner suffisamment de la servante, afin d'écarter les soupçons possibles.

Sans doute, ce tour de magie ne peut être réussi que moyennant une certaine adresse qui ne s'acquiert que par un peu d'exercice; cependant la difficulté n'est pas très grande, car les spectateurs, qui tiennent leurs yeux fixés sur la bouche d'où sort l'interminable ruban, ne songent guère à regarder les mains de l'opérateur dont les mouvements, toujours les mêmes depuis un moment, sont du reste cachés par le paquet, sans cesse grandissant, que forme le ruban « extrait de son estomac », et qui est, par conséquent, fort à l'aise pour s'emparer, en temps voulu et successivement, des diverses pelotes de ruban et même du petit lapin.

Nous laissons à nos lecteurs le plaisir d'imaginer la fable

qui servira de boniment à cette fantastique expérience, dont le seul inconvénient est d'exiger beaucoup de patience et de temps de la part de la personne qui se chargera de démêler les rubans après le spectacle et de les enrouler de nouveau en pelotes rondes pour la représentation suivante.

XXX

LA ROSE AUX RUBANS

GRACE à la propriété qu'ils ont de pouvoir renfermer sous un faible volume un ruban de papier très long, les petits serpentins spéciaux employés par les prestidigitateurs et dont nous avons parlé au chapitre précédent, sont encore utilisés dans le joli petit tour suivant.

Une branche de rosier, portant une rose magnifique, a été produite d'une manière surprenante, un moment auparavant : elle est apparue soudain dans un vase en cristal (1),

1. Voir *Magie blanche en famille*, chapitre XXI.

elle a changé de couleur sous l'action merveilleuse de *l'eau des fées* (1), elle a été retirée d'un chapeau, d'une boîte à tiroir ou d'une bouteille : peu importe son origine.

Un magicien tant soit peu galant qui dispose d'une rose ne peut se dispenser de l'offrir à la dame la plus vénérable de la société; c'est donc ce qu'a soin de faire ici le prestidigitateur, dans les formes les plus aimables; mais, au moment de se retirer, ce devoir accompli, notre homme aperçoit « un point noir » au milieu de la rose; il veut le retirer..., et ses doigts amènent un interminable ruban de papier (figure 34).

Au centre de la rose artificielle, en papier ou en étoffe — quelle est la jeune fille qui ne saurait pas faire une *rose à la minute?* — on a placé, caché sous les pétales inclinés vers le centre de la fleur, un petit serpentin S ; la rose R est vue en coupe dans la manchette de la figure 34. En cela consiste tout le prestige.

Pour qui ne connaît pas l'emploi de nos petits serpentins, c'est un phénomène absolument inexplicable que cette quantité de papier retirée d'un espace aussi restreint, d'autant plus que, le serpentin disparu, la rose ne dénote aucune espèce de préparation, car le prestidigitateur a pris soin, sur la fin de l'opération. de ramasser vers le centre de la rose les pétales écartés, si c'est du simple

1. Chapitre XXXIII de *Magie blanche en famille.*

papier à fleurs que l'on a employé pour la confectionner ;
quand la fleur est en étoffe, l'élasticité du tissu est ordinairement suffisante pour rapprocher les uns des autres.

Fig. 34. — La rose aux rubans.

vers le centre, les pétales écartés d'abord par la présence
du serpentin.

Nous avons vu un prestidigitateur employer pour ce tour
une immense branche de rosier qui portait plusieurs roses

un interminable ruban de papier était extrait de chacune des fleurs.

Cette complication n'ajoute rien à l'intérêt du tour et nous la croyons plutôt nuisible.

Comme dans la récréation décrite au chapitre précédent, le ruban de papier du petit serpentin pourra être remplacé par une faveur qu'on enroulera, ici, non plus en boule, mais, très serrée, en forme de disque plat.

XXXI

L'ENTONNOIR MAGIQUE

OUVENT il arrive que le magicien, pendant une séance, offre des consommations à ses spectateurs : vin, café, sirop, liqueurs. Méfiez-vous, car le rusé compère vous priera peut-être ensuite de lui restituer ce qu'il vous aura donné ; armé d'un grand couteau, il poussera la mauvaise plaisanterie jusqu'à vous menacer de vous ouvrir l'estomac pour aller y chercher le verre de sirop que vous aurez bu; estimez-vous heureux s'il se contente de faire sortir par le bout de votre nez, le liquide que vous venez d'avaler, et restez impassible s'il a le bon goût de vous raconter ensuite que ce délicieux sirop, qu'il va recueillir avec soin dans sa bouteille au moyen d'un entonnoir, a été dégusté déjà de la même manière par d'autres invités, tout aussi complaisants que vous.

L'entonnoir magique qui sert dans cette récréation, se trouve dans la plupart des cabinets de physique. Tout ferblantier auquel vous montrerez le numéro 2 de la figure 35, où l'entonnoir magique est dessiné en coupe, vous fabriquera à peu de frais ce petit instrument.

L'appareil se compose de deux entonnoirs *a* et *b*, l'un plus grand, l'autre plus petit, tous deux de même diamètre cependant à leur partie supérieure, et soudés ensemble par leurs bords; un petit trou *t*, qu'on peut ouvrir et fermer avec le pouce, est placé près de l'anse de l'instrument pour permettre à l'air de pénétrer, si l'on veut, dans la cavité intérieure qui existe entre les deux entonnoirs.

Si, bouchant avec un doigt le tube inférieur et laissant ouvert le petit trou *t*, on remplit d'eau ou de vin l'appareil, le liquide pénétrera dans le double fond où, comme cela se passe dans tous les vases communicants, il atteindra rapidement le même niveau que dans l'entonnoir intérieur; si ensuite, après avoir bouché avec le pouce le petit trou *t*, on débouche en bas le tube, seul le liquide visible au milieu de l'entonnoir s'écoulera; celui du double fond restera suspendu sous l'action de la pression atmosphérique, mais il pourra s'écouler, à la volonté de l'opérateur,

suivant que celui-ci tiendra fermé le trou *t* ou soulèvera
son pouce pour y laisser passer l'air.

Le magicien, sous prétexte qu'il n'a qu'un grand verre

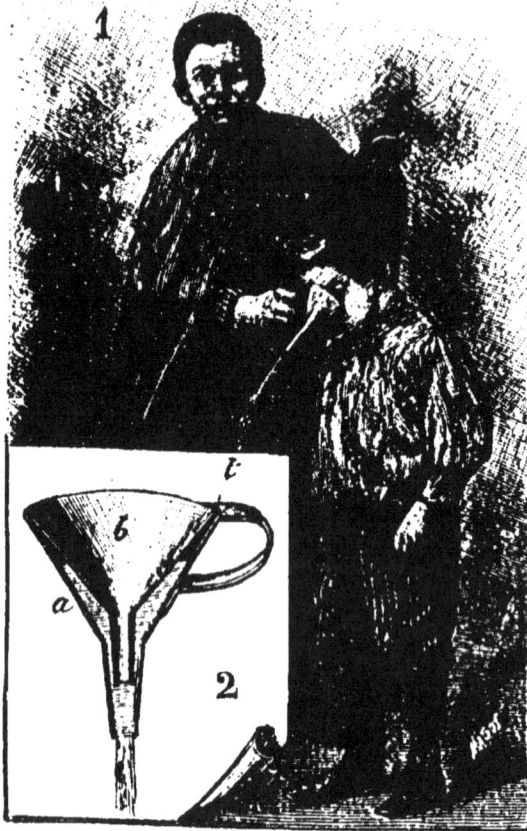

Fig. 35. — L'entonnoir magique.

sous la main et qu'il veut mesurer exactement la quantité
de breuvage qu'il offre, verse son sirop dans l'entonnoir
dont il a prié sa victime de fermer avec un doigt l'orifice

intérieur ; le double fond se remplit, et aussitôt le trou supérieur est bouché, tandis que le liquide mesuré s'écoule dans
le grand verre en présence des spectateurs qui pensent dès
lors que l'entonnoir est vide ; le numéro 1 de la vignette,
page 155, raconte le reste de l'histoire.

On peut encore faire une expérience un peu différente
avec l'entonnoir magique ; on remplit d'abord de vin
rouge le réservoir secret et, dans la partie intérieure, on met
ostensiblement de l'eau ; on annonce ensuite que l'entonnoir fournira à volonté de l'eau ou du vin. Suivant la
demande qui est faite, on laisse couler l'eau seulement ou
on débouche le petit trou supérieur pour qu'il s'y ajoute
du vin ; le mélange suffisamment coloré qui s'écoule alors
peut passer pour du vin pur.

XXXII

DESSÉCHEMENT INSTANTANÉ

ᴇ tour est ordinairement présenté par les prestidigitateurs immédiatement avant ou après celui des petits drapeaux en papier, décrit au chapitre XLII de notre volume *Magie blanche en famille.*

« Je prends quatre ou cinq nouvelles feuilles de papier à fleurs, de couleurs variées, dit le prestidigitateur, que notre dessinateur suppose aujourd'hui être une dame. Je les plonge dans ce verre d'eau, je les mouille bien, et j'en fais une boulette informe que je place dans ma main gauche. De la main droite, j'agite un éventail au-dessous : cela suffit, non seulement pour dessécher, mais encore pour pulvériser mes feuilles de papier qui, en même temps, se multiplient d'une façon prodigieuse. »

En effet, on voit, à ce moment, l'opérateur entouré de milliers de petits papiers multicolores qui, s'échappant de ses mains, s'élèvent en l'air et remplissent la salle en voltigeant.

Un peu d'adresse est nécessaire ici.

Avant la séance, réduisez en petits morceaux, comme ceux que l'on voit en B de notre vignette (figure 36, page 159) plusieurs feuilles de papiers à fleurs de diverses couleurs, taillant à coups de ciseaux dans le papier plié en plusieurs doubles; certains fragments seront plus longs, d'autres plus courts ; ils seront en forme de losanges, de triangles, de carrés : peu importe.

Quand vous aurez devant vous une bonne provision de ces petits papiers, prenez-en, entre vos doigts, une forte pincée que vous entourerez, en les serrant, d'un mince fil de soie; croisez ce fil en divers sens, dessus et dessous, sans vous inquiéter des morceaux qui tombent. Prenez une seconde pincée de papiers, aussi forte que possible, que vous appliquerez sur les premiers; une troisième pincée que vous placerez sous les premiers, et faites passer de nouveau, plusieurs fois tout autour, en le croisant, votre fil de soie.

Continuez ainsi jusqu'à ce que tous vos petits papiers soient réunis en un paquet A, en forme de boule, comme on le voit dans la vignette ci-contre, et arrêtez le fil.

Mettez le paquet préparé comme nous venons de le dire dans une poche de gauche de votre vêtement; pour un monsieur la poche du pantalon ou celle du veston.

Fig. 36. — Pulvérisation du papier.

Placez-vous en face des spectateurs, à droite d'un petit guéridon, sur lequel vous aurez mis d'avance un grand verre d'eau et un éventail. Ayant annoncé que vous allez mouiller les papiers, et ayant invité les spectateurs à être attentifs, tournez-vous vers la table; tous les regards se porteront en même temps que le vôtre vers le verre dans lequel vous plongerez les feuilles multicolores, et personne ne songera à votre bras gauche caché par votre corps. Profitez-en pour prendre secrètement dans votre poche le petit paquet préparé, puis, insensiblement, tournez-vous de face, le bras gauche inerte, la main gauche refermée sur le paquet de petits papiers. Montrez alors, de la main droite, la boulette de papier mouillé, et tout en faisant le geste de la placer dans la main gauche élevée aussitôt à la hauteur de votre visage, gardez-la dans le creux de la main droite qui s'en débarrassera sur la table en prenant l'éventail.

Agitez maintenant l'éventail par un vif mouvement horizontal, et, en même temps, de la main gauche, comme si vous vouliez frotter le pouce contre l'index et le médius, dégagez les petits papiers qui s'envoleront dans toutes les directions. L'effet produit sera des plus jolis.

XXXIII

LA LUNETTE MAGIQUE

A lunette magique est un vieux jouet scientifique que nous ne rappelons ici que parce qu'il en a été fait une application assez drôle à la magie blanche dans l'amusante récréation du « magicien troué » qui fera l'objet du chapitre suivant.

Qu'il nous soit permis, avant d'entrer dans le détail de la construction de l'appareil, de donner, en faveur des plus jeunes de nos lecteurs, quelques mots d'explications sur le principe du phénomène de la *réflexion,* que l'on met ici en jeu.

Quand une boule de billard, poussée d'une façon normale, vient frapper la bande, elle rebrousse chemin dans une direction nouvelle; les deux lignes suivies par la boule, avant et après son choc contre la bande, forment avec celle-ci deux angles égaux.

Il en est de même pour le rayon lumineux qui vient frapper une surface polie, comme celle d'un miroir; il rebondit en quelque sorte; on dit alors qu'il est *réfléchi*, et l'*angle de réflexion*, — celui qui est formé par la route de départ — *est égal à l'angle d'incidence*, ou angle formé par la route d'arrivée.

Les écoliers qui, parfois, ont tant de peine à comprendre cet énoncé, savent cependant fort bien l'appliquer pour faire une niche à leurs camarades en envoyant à ceux-ci dans les yeux un rayon de soleil qu'ils font *réfléchir* sur un petit miroir, dont ils varient l'inclinaison suivant les circonstances; ils pourraient constater alors que le rayon de soleil qui vient frapper leur miroir — rayon incident — et celui qui crève les yeux du camarade, — le même rayon *réfléchi* — forment avec la surface du miroir deux angles égaux.

On peut donc changer à volonté la direction des rayons lumineux partis d'un point quelconque, en disposant convenablement des miroirs; c'est ce que l'on fait en construisant la *lunette magique* que nous allons décrire.

Sur un chandelier quelconque servant de pied, est placé

une sorte de tube carré en carton, recourbé à angles droits en forme d'U, et qui paraît n'avoir d'autre fonction que de servir de support à la lunette cylindrique, également en carton.

Fig. 37.— La lunette magique.

Celle-ci est divisée en deux morceaux que sépare, entre les deux branches du support, un vide de trois ou quatre centimètres; ce vide peut disparaître au moyen de deux tubes en carton, de diamètre un peu plus fort que les précédents, sur lesquels ils glissent, et qui peuvent, à volonté, être rapprochés l'un de l'autre de manière à ce que la lunette n'offre pas de solution de continuité. (Voir le numéro 2 de la figure 37, page précédente.)

C'est en cet état que l'on présente l'appareil à une personne, en la priant de regarder un objet à travers la lunette; puis on écarte l'un de l'autre les deux tubes mobiles entre lesquels on place, en guise d'écran, soit la main, soit un livre; malgré cet obstacle, l'objet est aperçu, tout aussi bien qu'auparavant, *à travers la lunette.*

Le dessin en coupe, placé au numéro 2 de la figure 37 dispense de longues explications.

Dans le tube à section carrée, recourbé en forme d'U, sont disposés quatre petits miroirs; ceux qui sont placés dans l'axe du tube cylindrique de la lunette forment avec cet axe un angle de 45 degrés; ils regardent les miroirs placés parallèlement au-dessous d'eux dans chaque montant; la ligne pointillée indique la direction suivie par les rayons lumineux qui, émanant d'un objet, viennent se réfléchir successivement sur chaque miroir et arrivent enfin dans l'œil en ligne droite, comme s'ils avaient traversé directement la lunette et le livre interposé (n° 1, figure 37).

Nous ne nous arrêterons pas à décrire en détail la manière de procéder à la construction de l'appareil.

Les surfaces qui composent le tube recourbé seront

tracées d'abord à l'aide de l'équerre, afin d'obtenir des angles rigoureusement droits.

Pour former les tubes de la lunette, on se servira d'un cylindre de bois sur lequel on enroulera plusieurs couches de fort papier enduit de colle ; le tube de petit diamètre ainsi obtenu sera divisé en quatre morceaux qui seront collés, suivant une même direction, de chaque côté des montants du tube coudé qu'ils sembleront traverser ; ce premier tube, avant d'être enlevé du cylindre de bois sur lequel on l'aura moulé, aura servi lui-même de moule pour obtenir les deux bouts de tube de diamètre un peu plus fort qui devront glisser sur lui ; un bouchon de liège, maintenu avec de la colle forte sous le tube coudé, permettra de fixer à volonté la lunette sur le chandelier qui lui servira de pied.

L'appareil terminé sera recouvert d'une couche de vernis à l'alcool de couleur chêne, acajou, noyer ou palissandre, agrémenté de filets noirs et d'ornements dorés tracés au pinceau avec un de ces mélanges de bronze en poudre et de vernis que l'on emploie pour imiter la dorure.

On pourrait obtenir un effet optique meilleur et un peu plus de clarté en plaçant aux extrémités de la lunette deux lentilles, l'une biconcave du côté de l'œil, l'autre, biconvexe et plus grande que la première, du côté de l'objet. En demandant à un opticien ces deux lentilles, on lui indiquerait l'usage auquel elles sont destinées et la longueur de l'écartement qui devra les séparer l'une de l'autre.

Voyons au chapitre suivant l'application que l'on a faite à la *Magie blanche* de ce curieux petit appareil d'optique. Soyez certain que les inventeurs de jouets ne manqueront pas d'en tirer parti, à propos des rayons X, pour construire des instruments merveilleux permettant la vision à travers les corps opaques.

XXXIV

LE MAGICIEN TROUÉ

ES lecteurs du volume *Magie blanche en famille* connaissent déjà plusieurs des petits trucs qui permettent aux faiseurs de tours de paraître invulnérables.

Complétons la série.

« Vous avez vu, mesdames, vous avez vu, messieurs, le magicien s'enfoncer un poignard dans la gorge ; vous l'avez vu transpercer son doigt d'un gros clou et sa main d'un énorme couteau pointu ; vous le verrez un jour couper le nez de son prochain (1) ; aujourd'hui vous serez témoins de choses encore plus étonnantes ; vous allez voir comment je puis impunément permettre d'enfoncer dans ma poitrine une longue lame d'épée que l'on retirera par mon dos ; bien mieux : vous verrez de vos yeux l'atroce blessure, élargie mécaniquement au moyen d'un long ruban rouge, puis vous serez témoins de la guérison instantanée de la plaie ; après quoi vous me verrez, magicien infortuné, conserver ma poitrine trouée pour le reste de mes jours, phénomène invraisemblable que chacun de vous pourra cependant constater en regardant, à travers l'étonnante ouverture de mon corps vivant, les objets que l'on placera du côté opposé. »

Le magicien amène sur la scène deux nègres à l'air cruel, au ricanement féroce ; du moins les deux bonshommes, noircis au cirage, font tout leur possible pour prendre une mine de circonstance.

L'un des deux *sauvages* est armé d'une longue broche en fer, percée à son gros bout, comme une aiguille à coudre, d'un trou dans lequel on enfile un long ruban rouge. La broche peut être examinée et pesée : elle est rigide et lourde.

Fermez les yeux, ô spectateurs sensibles ! car il se passe une chose horrible en ce moment. La figure ci-contre vous

---

1. Dans le volume : *Sorcellerie en chambre,* troisième série de tours de physique amusante facile pour tous (en préparation).

montre la cruelle opération qui semble, pour comble d'horreur, divertir les deux monstres. La broche *ensanglantée* est ressortie par le dos du magicien ; puis elle a été mise de côté,

Fig. 38. — Le magicien transpercé.

et chaque nègre tire à lui, tour à tour, une extrémité de la corde pour agrandir le trou.

« C'est là un nouveau genre de lavage de l'estomac, » dit le sorcier devenu soudain calme et impassible. « *Cela ne fait pas mal !* Telles étaient, messieurs, les paroles que prononçait une femme romaine en présentant à son mari craintif le poignard qu'elle venait de plonger dans son propre sein ; moi aussi je m'écrie: *Pete non dolet!* je n'en ressens aucune douleur, car le vrai magicien est hors d'atteinte des maux, quels qu'ils soient, de ce monde ! Mesdames, messieurs, j'ai bien l'honneur de vous saluer et je vous demande la permission de me retirer un instant pour mettre un cataplasme. »

Ainsi finit prosaïquement un boniment si pompeusement commencé.

Laissons le magicien à l'importante affaire qui l'occupe et voyons de quelle manière les choses se sont passées.

Les prestidigitateurs de profession emploient pour ce tour un appareil que nous avons décrit autrefois dans la *Nature* et que l'on peut trouver chez les marchands de cette sorte d'articles ; il se compose de deux pièces : une lame d'acier mince et flexible, dont la pointe est émoussée et dont l'autre extrémité est percée comme la tête d'une aiguille ; la seconde pièce consiste en un tube de section rectangulaire recourbé en forme de demi-cercle.

Amateur magicien, confectionnez vous-même, à peu de frais, deux objets qui vous rendront les mêmes services.

Prenez un morceau de tuyau de plomb, long de cinquante centimètres, comme ceux qu'on emploie pour les installations de gaz à l'intérieur des appartements; fermez-en les

deux extrémités après l'avoir rempli de sable fin, et re-
courbez-le ensuite en son milieu T comme le montre la
figure 38 ; relevez, en sens contraires, les bouts *a* et *b*,

Fig. 39. — Vision à travers le corps du magicien.

coupez-en les extrémités, videz le sable qui est dans le tube
et qui avait pour but de produire des courbes régulières
sans angles rentrants ; attachez les deux cordons comme le

montre la vignette (figure 38, page 169); ils vous permettront de fixer l'appareil autour de votre taille, à la hauteur de votre ceinture; vous le placerez de manière à ce que les deux ouvertures des extrémités se trouvent situées sur une même ligne droite qui traverserait le point à percer de votre poitrine.

Procurez-vous un jonc assez mince et assez souple pour qu'il puisse traverser le tube recourbé; taillez-le comme vous l'entendrez et portez-le à un serrurier qui fera sur ce modèle une broche en fer, tout à fait semblable de forme; passez sur les deux pièces une couche de vernis noir mat, ou mieux de vernis incolore mélangé à du bronze en poudre, couleur argent.

Aux spectateurs on montre la broche de fer qu'on dépose ensuite un instant sur une table, à côté de la broche flexible, que l'on substitue ensuite à la première pour y enfiler le ruban rouge et pour se transpercer la poitrine.

Quand le moment fatal est arrivé, le magicien se tourne un peu de profil pour mieux dissimuler le mouvement qu'il va exécuter, et, comme s'il voulait parer le coup, il saisit la pointe de l'épée qu'il dirige en même temps lui-même dans l'ouverture du tube; les dispositions voulues sont prises pour que cette ouverture soit placée en regard d'un trou rond spécialement réservé dans le costume d'apparat, ou pour qu'elle se trouve bien exactement derrière l'intervalle qui existe entre deux boutonnières sur le gilet.

Le *sang* dont l'épée est teinte provient d'un morceau d'éponge imprégné· de couleur rouge; c'est l'un des nègres qui, dans la mise en scène que nous avons décrite, se charge de cet accessoire; il pourrait même, faisant ici une application du petit truc décrit au chapitre *Pleurs de la baguette magique*, montrer des gouttes de sang tombant de la pointe de la broche.

Mais voici notre magicien qui revient. Certes, il ne nous a pas trompés cette fois, et la grosseur de sa taille laisse supposer des cataplasmes énormes.

Vous avez deviné d'où provient cet embonpoint anormal. C'est notre lunette magique qui est fixée par deux cordons à la ceinture du personnage dans la robe duquel on remarque deux trous ronds pratiqués en avant et en arrière. Les bords de ces trous sont entourés d'un anneau de carton cousu entre l'étoffe et la doublure et fixés par ce carton aux extrémités d'une *lunette magique*, semblable comme construction, sauf les dimensions que nous allons indiquer, à celle que nous avons décrite au chapitre précédent. Les rayons d'un soleil en clinquant brillent autour de chaque trou et dissimulent les contours de l'anneau de carton, ou le relief de la lunette qui pourraient, sans cela, se dessiner à travers le tissu; un *capitonnage* soigné est d'ailleurs nécessaire pour que la surface du personnage ne présente que des courbes d'aspect naturel.·

C'est dans ces conditions que les spectateurs sont invités

à venir constater de très près que la poitrine du magicien est trouée.

Un objet vivement éclairé, placé en face de l'ouverture postérieure de la lunette, est vu distinctement par la personne qui applique son œil à l'autre extrémité; on éprouve alors l'illusion parfaite d'un tube qui traverserait en ligne droite la poitrine trouée du magicien.

Dans la figure 39 où cette petite scène est représentée, on voit à gauche une *manchette* où l'appareil que le magicien porte sous sa robe à la ceinture, est représenté en coupe : M M M M sont les quatre miroirs ; C C sont les cordons, et les nombres 5, 10, 15, 25, 35, indiquent, en centimètres, les dimensions des différentes parties du tube de section carrée qui forme ici la lunette magique; ces dimensions devront nécessairement varier en proportion de l'embonpoint ou de la maigreur de l'acteur qui voudra jouer le rôle du magicien à la poitrine trouée.

XXXV

LE CONTENU D'UN JEU DE CARTES

ᴇs vérités de M. de La Palisse peuvent, on le sait, devenir des erreurs dès qu'il s'agit de *magie blanche*, et nous allons montrer qu'un jeu de cartes contient parfois tout autre chose encore que des cartes.

« Je tiens le jeu entre le pouce et l'index, après avoir eu soin de bien relever les manches de mon habit. — Mademoiselle, recevez je vous prie ce jeu dans vos mains... »

Au moment où la demoiselle se dispose à saisir le jeu, il s'en échappe une petite souris blanche, une poupée à ressort, des fleurs ou d'autres objets.

Prenez un jeu de cinquante-deux cartes, ou une semblable quantité de cartes dépareillées, dont le dos soit taroté de même couleur et de même dessin que le jeu qui devra vous servir à présenter d'abord à vos spectateurs quelques autres tours de cartes.

Laissant libres sept ou huit cartes seulement, enlevez avec un canif un rectangle *r* au milieu de toutes les autres cartes suivant les lignes ponctuées au numéro 1 de la vignette (figure 40); puis collez l'un sur l'autre les cadres *c* ainsi obtenus qui, par leur épaisseur, formeront les quatre côtés d'une boîte à laquelle vous donnerez un fond en y collant, par-dessous, une carte entière *e* par ses bords; enfin, par l'un de ses petits côtés seulement, collez sur la boîte une carte *d* qui lui servira de couvercle ; l'objet ainsi préparé aura l'aspect d'un jeu de cartes quelconque (n° 1, fig. 40).

Après avoir exécuté, comme nous l'avons dit, quelques tours de cartes préliminaires av   un jeu ordinaire, on dépose celui-ci sur une table, à côté du jeu préparé, derrière un objet qui cache l'un et l'autre jeu aux yeux des spectateurs.

Si dans la boîte C se trouvaient des objets à ressort ou un animal vivant, un presse-papiers assez lourd ou un fort anneau de caoutchouc seraient employés à produire momentanément la résistance voulue sur le couvercle B.

Quand le magicien prend le second jeu à la place du premier, personne ne soupçonne la substitution qui vient d'être faite, et l'on se croit encore en présence du premier jeu que l'on vient de manier, de voir et d'examiner plusieurs fois ; d'autant plus que, sur la boîte C, sont placées trois ou quatre cartes libres (A), et tout autant (D) au-dessous (n° 2 de la figure), que le prestidigitateur remue d'un air machinal, et fait passer alternativement les unes à

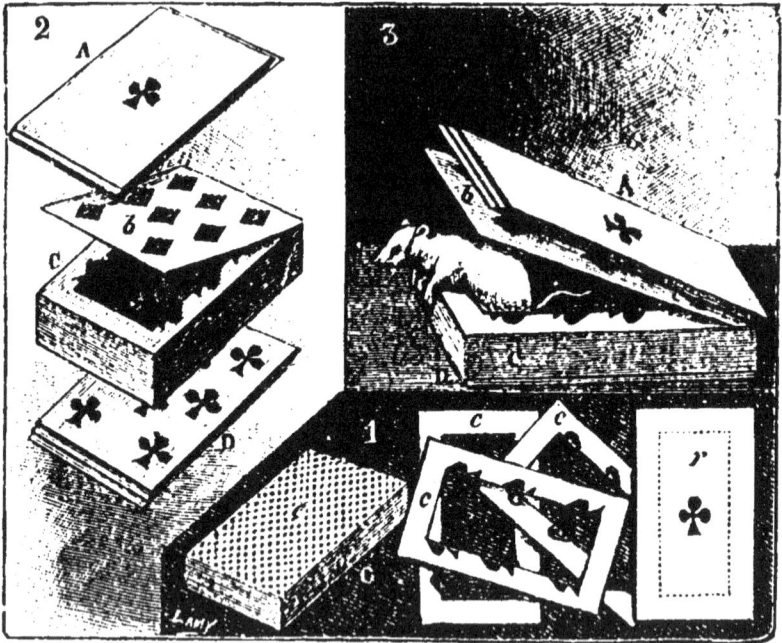

Fig. 40. — Le jeu de cartes truqué.

la place des autres, en imitant le mouvement que l'on fait quand on mélange les cartes d'un jeu.

Il ne reste plus qu'à entr'ouvrir le couvercle *b*, soit pour laisser jouer les ressorts des balles, des diables, des fleurs, ou autres objets à ressorts, comprimés dans la boîte, soit pour laisser échapper le petit prisonnier.

Si celui-ci est une souris blanche et si, chose probable, la demoiselle interpellée a poussé, à son aspect, un petit cri de frayeur, rassurez-la bien vite en lui rappelant, qu'au témoignage de Pline, la rencontre de ce charmant animal est de bon augure, et que, par conséquent, elle doit s'attendre désormais à tous les bonheurs.

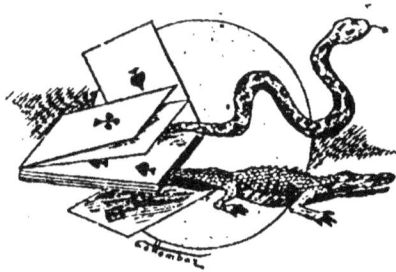

XXXVI

FABRICATION DE BONBONS

ıMEZ-VOUS les bonbons? Nous allons en fabriquer. Avec quoi? me demanderez-vous. Avec du son, et cela sans employer aucun appareil truqué, mais par le pouvoir magique de ce petit diablotin que je· vous présente. »

Le sorcier fait passer dans l'assistance un petit diable découpé en carton noir (D, nº 1, figure 41, page 131).

Le mérite de cette expérience consiste dans la simplicité des objets employés ; le public ne voit en effet que deux verres VV en forme de gobelets et un cornet en carton bristol C que tout le monde peut examiner avant, et même après l'expérience, comme nous le dirons.

La marche du tour est peu compliquée.

L'un des verres est renversé sur la table; on y emprisonne le diablotin qui n'est là, bien entendu, que pour la beauté du spectacle; sur le verre renversé qui sert de piédestal, on place le second verre, rempli de son, et l'on recouvre ce dernier avec le cornet C (n° 2, figure 41). Quand ensuite le cornet est enlevé, on aperçoit dans le verre, non plus du son, mais de magnifiques dragées (n° 5) que tout le monde se plaît, en les suçant, à déclarer aussi bonnes que belles.

Par quel moyen a-t-on pu obtenir un si charmant résultat ?

Voici l'explication du tour.

Découpez un disque r de carton bristol, dont vous tracerez le diamètre d'un trait de crayon qui fera le tour du bord de votre verre renversé sur la feuille de carton à découper (T, n° 4); faites ensuite un cône tronqué o également en carton bristol, de dimensions telles qu'il ait exactement la forme du verre T dans lequel il doit pouvoir entrer complètement et se trouver alors en contact, en tous points, avec la paroi intérieure du verre. Réunissez les deux parties o et r pour faire la pièce F.

Enduisez complètement d'une solution un peu épaisse de gomme arabique toute la surface extérieure de ce

cartonnage et saupoudrez-le abondamment de son; laissez sécher ; vous obtiendrez la pièce S (n° 3) qui vous per-

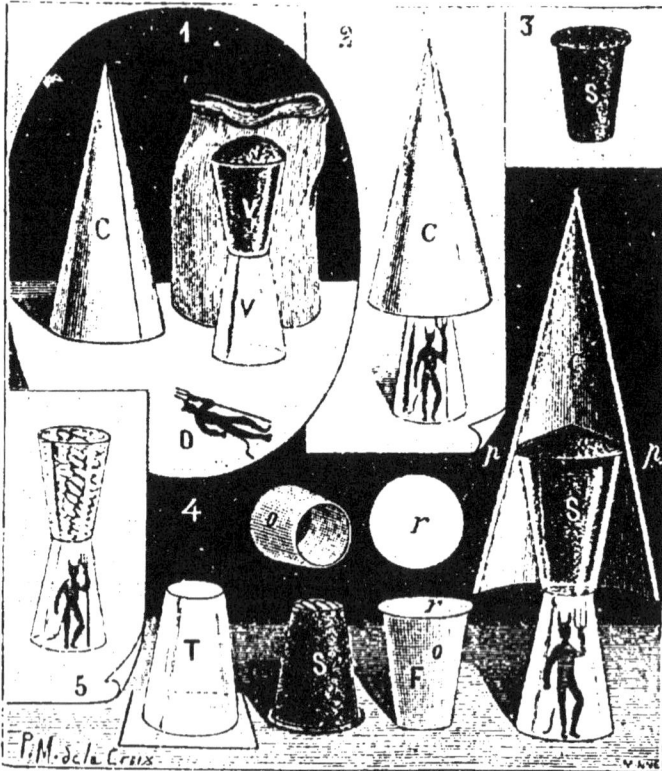

Fig. 41. — Fabrication de bonbons.

mettra de produire le trompe-l'œil nécessaire pour l'exécution de l'expérience.

Ayez un sac en toile rempli de son, d'assez grande
taille, et qui, posé sur une table, présente au moins une

hauteur de trente centimètres sur vingt centimètres de largeur. Dans ce sac, placez secrètement, avant la séance, le cartonnage S plein de dragées, tel que vous le voyez au numéro 4 (figure 41). Annoncez que vous allez remplir de son le verre T; puis, au moment où ce verre se trouvera caché dans le sac au son, coiffez-en le cartonnage S; retournez, dans le sac même, les deux pièces réunies, mettez sur le tout autant de son qu'il en pourra tenir, de manière à former un petit monticule r (n° 1); en retirant le verre du sac faites tomber à terre, comme acciden-tellement, une partie de ce son qui est en excès; tout le monde sera forcément convaincu que le verre ne contient que du son; pourquoi supposerait-on autre chose? Disposez le tout comme le montre la figure 41, à droite, au numéro 4; et, quand vous jugerez que « le diablotin aura eu le temps suffisant pour opérer », ôtez le cornet C, mais en le saisissant et en le serrant fortement aux deux points pp, de manière à enlever en même temps le cartonnage recouvert de son S; il ne restera donc plus dans le verre que les dragées (n° 5).

Détail important.

Au moment où le verre de dragées est découvert, tous les yeux sont fixés sur ces bonbons apparus d'une manière si étonnante. A ce moment même, et sans perdre une seconde, frappez le cornet C sur le bord de votre table opposé à l'assistance, de manière à faire tomber dans la *servant* le cartonnage S; cette opération ne demande pas une seconde de temps; quelques moments après, et sans paraître attacher aucune importance à la chose, faites voir à vos spectateurs l'intérieur du cornet C qu'ils n'auront cessé, du reste, un seul instant d'avoir sous les yeux.

XXXVII

UN GRAND MONSIEUR
QUI DEVIENT UN PETIT ENFANT

ES messieurs barbus qui n'ont pas plus de caractère, de jugement, de sérieux, qu'un petit enfant, c'est, mesdames, vous le savez bien, un phénomène trop commun pour que j'aie pu songer à vous le présenter dans une séance de magie blanche, où l'on ne doit voir que des choses extraordinaires.

« Il est maintes sottises que font les petits enfants et que ne font pas ordinairement les grands messieurs dont je parle : les premiers marchent à quatre pattes, se fourrent le doigt dans le nez, crient et pleurnichent, cassent leurs joujoux, refusent de manger leur soupe, répandent sur leur petite bavette ce qu'on leur donne à boire; j'en omets, mesdames, et des meilleures.

« Si vous le voulez bien, nous allons, grâce à mon pouvoir magique, obliger un monsieur, celui qu'on me désignera, à faire malgré lui tous ces actes de petit enfant que je viens d'énumérer... Vous vous récriez? vous protestez? aucun monsieur ne consent à venir auprès de moi, me sachant animé de si méchantes intentions?... Eh bien! je consens à être gentil, à ne faire qu'une seule petite malice au monsieur qui voudra bien se dévouer pour égayer l'assistance : il ne redeviendra petit enfant que pour une seule chose — une de celles dont les messieurs s'acquittent le mieux ordinairement, — il ne saura plus boire sans *baver*. »

Un monsieur « se dévoue »; il accepte un verre d'eau sucrée, et dès qu'il approche le verre de ses lèvres, le liquide se répand sur son plastron, sur son gilet, sur son habit; malgré les plus grandes précautions il ne sait plus boire sans baver, ce qui produit une hilarité générale.

Nos lecteurs pourront préparer eux-mêmes le verre au moyen duquel ils feront, à l'occasion, cette amusante petite mystification à un ami.

On se procurera un de ces verres communs que l'on vend partout à bon marché maintenant, où des ornements, fleurs ou fleurons, sont gravés en dépoli tout autour du bord : notre vignette (voir nº 1, figure ci-dessous) montre un semblable verre.

Au milieu de chacune des petites fleurs *f* qui forment

Fig. 42. — Un monsieur qui bave.

guirlande, on creuse un petit trou au moyen du procédé très simple que nous allons indiquer. C'est là, sans doute, un travail de patience et qui demande des mains délicates ; mais il est facile, et le résultat final compensera largement la peine qu'on aura prise, dût-on casser deux ou trois verres et user une demi-douzaine de forets à dix centimes la pièce, inconvénients que sauront éviter en partie les gens soigneux et assez patients pour conduire lentement leur travail.

Commencez par placer votre verre bien d'aplomb sur une table, fixé solidement et immobilisé entre deux morceaux de bois BB (n° 2, figure 42) au moyen de chiffons E, roulés en tampons, et de ficelles, comme le montre notre vignette.

L'endroit à percer, marqué au besoin d'un point fait à l'encre, devra se présenter dans une position perpendiculaire à la direction qu'il vous semblera le plus commode de donner à votre *drille*, que vous armerez d'un bon petit foret en acier.

Il pourrait être utile d'améliorer la trempe de ce foret en le faisant rapidement rougir à blanc dans le feu pour le plonger brusquement, en cet état, dans un morceau de plomb, après quoi on l'aiguiserait avec soin; mais on peut trouver dans le commerce des forets dont la trempe est suffisante.

Votre instrument préparé, faites un petit anneau en mastic de vitrier, et appliquez-le sur votre verre, autour du point à percer (*m*, n° 2, figure 42); versez dans la petite cavité ainsi formée, une solution saturée de camphre dans de l'essence de térébenthine, et faites tourner le foret en l'appuyant doucement sur le verre : le trou sera facilement percé.

Cinq ou six trous, de très petit diamètre, placés tout autour du verre, au centre des petits fleurons en dépoli dont nous avons parlé, sont à peu près invisibles et suffisent pour qu'il soit impossible, à qui n'est pas prévenu, de boire dans un semblable verre sans en répandre le contenu.

XXXVIII

MAGIE PERFIDE

ᴇs marchands de surprises et de jouets d'enfants vendent de petites bouteilles en verre soufflé, qui contiennent de l'eau parfumée; le fond en est percé d'un trou assez petit pour que le liquide qu'elles contiennent y soit retenu par la pression atmosphérique tant que le bouchon de la petite bouteille n'est pas enlevé.

Une personne est invitée à se rendre compte de la suavité du parfum qu'on lui présente; elle débouche la fiole et pousse un petit cri, car elle reçoit au même instant tout le liquide sur ses genoux.

Voici un modeste tour de magie blanche que l'on peut exécuter au moyen d'une de ces petites bouteilles remplie d'eau et fermée par un bouchon recouvert de cire à cacheter.

La petite bouteille est placée à côté d'une épingle dans un chapeau recouvert d'un mouchoir. La main droite du prestidigitateur, dont les manches sont relevées, pénètre un instant dans le chapeau par-dessous le mouchoir, après quoi l'on fait voir que l'épingle se trouve dans la petite bouteille qui, cependant, n'a pas été décachetée. Les personnes qui ne connaissent pas ce genre de petites fioles ne se doutent pas que le fond en est percé et que c'est par là qu'on y a introduit l'épingle.

Ces récréations peuvent être répétées avec de grandes bouteilles, de la contenance d'un litre par exemple.

Pour la seconde récréation, on perce le fond de la bouteille par le moyen que nous avons indiqué au chapitre précédent; on remplace l'épingle dont nous venons de parler par un clou, assez long, que l'on fait marquer si l'on veut, d'un trait de lime (1).

Quant à la plaisanterie que représente la figure ci-

---

1. On nous dit que cette forme de la récréation avait été signalée dans l'*Il-lustration* avant que nous l'ayons publiée dans les *Veillées des Chaumières*.

dessous, on ne la risquera qu'entre camarades, et si l'on est certain d'avoir affaire à quelqu'un qui ait assez bon caractère pour ne pas trop se fâcher d'une aussi mauvaise

Fig. 43. — Accident imprévu.

farce. Le fond de la bouteille est percé dans ce cas de plusieurs petits trous; inutile de dire que le torrent qui s'écoule sur le monsieur représenté dans notre vignette est une fantaisie d'artiste : l'écoulement de l'eau est en réalité beaucoup moins abondant.

13

Voilà de quelle manière les choses se passent.

« — Vous qui êtes fort, dit-on à un brave homme, débouchez-nous donc cette bouteille que nous allons boire à votre santé ».

Très flatté du petit compliment dont on vient d'assaisonner l'invitation qui lui est faite, le monsieur s'empresse; il enfonce le tire-bouchon dans le liège, tire avec effort, et voit son pantalon inondé… d'eau claire, bien entendu.

Les récréations que nous venons de rappeler sont bien connues; le tour dont il est question au chapitre suivant en est une variante qui permet de remplir d'eau la bouteille sous les yeux des spectateurs et d'y introduire, non seulement des épingles ou des clous, mais des objets un peu plus grands tels que : pièces de monnaie, anneaux, crayons, boutons ou médailles.

XXXIX

LA BOUTEILLE CACHETÉE

'AI emprunté une bague ; je l'enveloppe dans un morceau de papier et je pose le tout, bien en vue, sur cette table.

Voici une bouteille vide de la contenance d'un litre ; je la remplis d'eau sous vos yeux, je la ferme avec ce bouchon, et, si vous le voulez bien, nous allons la cacheter avec de la cire où vous apposerez une empreinte de votre choix : cachet, clef ou pièce de monnaie.

« — Comment feriez-vous maintenant, monsieur, pour introduire un objet dans cette bouteille, sans en rompre le cachet ?... Cela vous semble difficile ?... Et vous madame?... Vous briseriez la bouteille?... je vais essayer d'employer un moyen plus gentil que celui-là. »

Le prestidigitateur emprunte une bague, l'enveloppe dans un morceau de papier, et pose le tout sur une table. Puis, les manches relevées, il prend invisiblement, de l'extrémité de sa baguette, l'anneau renfermé dans le papier, et, tout aussi invisiblement, il le fait passer dans la bouteille cachetée ; on agite celle-ci et on entend, à l'intérieur, le choc de la bague contre le verre.

Le petit papier déplié se trouve vide ; la bouteille est débouchée par un spectateur qui en verse le contenu, bague et eau, dans un bassin, où le bijou est reconnu et repêché par son propriétaire.

Voici l'explication du tour.

Le prestidigitateur a posé l'anneau sur le carré de papier dans lequel il devait l'envelopper; mais au lieu de l'y renfermer réellement, il l'a laissé glisser dans la paume de sa main, au moment de former le petit paquet qui, par conséquent, a toujours été vide.

Point n'est besoin d'une grande habileté pour opérer ce petit escamotage.

Quant à la bouteille, elle est truquée. Le fond D en a été dercé d'un large trou, au moyen de petits coups donnés sur la bouteille retournée, avec une lime pointue qu'on a laissé tomber en cet endroit, sur sa pointe, un certain nombre de fois, d'une hauteur de 10 à 12 centimètres.

On a préparé de la cire molle noircie, en mélangeant et en faisant fondre trois parties de cire jaune, deux parties d'huile et une partie de plombagine en poudre. Une grosse boulette de cette cire bien ramollie et pétrie dans les

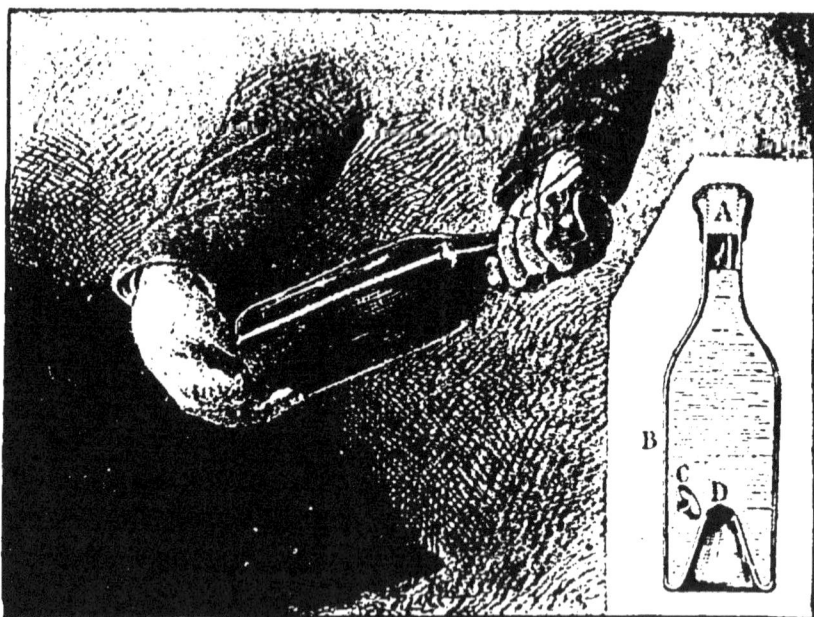

Fig. 44. — Introduction d'un objet dans une bouteille cachetée.

doigts, a servi à boucher le trou D de la bouteille, qui a dû être parfaitement sèche alors.

Au moment de faire le tour, et sous prétexte de mettre la bouteille plus en vue, le magicien la change de place ; en même temps, et tandis qu'il a le dos tourné, il y introduit par le fond, à travers la cire, l'anneau qu'il a retenu dans sa main, et derrière le passage duquel il a soin, du bout de ses doigts, de refermer la cire en la pétrissant.

On devra s'exercer un peu préalablement pour faire vite et bien cette opération ; une petite provision de cire, tenue en réserve contre la paroi qui forme le fond en entonnoir de la bouteille, permet d'ailleurs d'assurer au besoin la fermeture de l'ouverture D qui doit être parfaite ; autrement le liquide s'écoulerait par le fond dès qu'on déboucherait la bouteille bien que, dans le cas d'une ouverture très petite, il aurait été retenu d'abord par la pression atmosphérique, tant que la bouteille n'aurait pas été débouchée.

Ce petit tour produit un joli effet, mais il ne faut pas craindre d'acquérir, au prix de quelques exercices, l'habileté voulue pour conserver adroitement en main, sans le laisser voir, l'anneau, tout en feignant de l'envelopper dans le papier, de même que pour l'introduire ensuite rapidement dans la bouteille comme nous l'avons expliqué.

L'ENVELOPPE MERVEILLEUSE

E fais passer successivement sous vos yeux, et je place l'un sur l'autre, des carrés de papier de plus en plus petits, qui, pliés tous de même manière, forment des enveloppes ou paquets tous semblables, bien que de dimensions différentes. Examinez ces papiers : les grands comme les petits ne présentent rien de particulier.

« Dans ce premier paquet, le plus petit, je place deux pièces de dix centimes, je ferme le paquet, je le renferme dans la seconde feuille, celle-ci dans la troisième, et ainsi de suite, je forme jusqu'à six enveloppes. Êtes-vous bien convaincus que mes pièces de monnaie ne peuvent pas s'envoler? Du reste, je frappe le paquet sur la table, et vous entendez les sous se heurter l'un contre l'autre.

« Maintenant, ô bons spectateurs! faites une profonde inspiration et, avec un ensemble parfait, soufflez bien fort sur mon paquet, au moment où je dirai : trois! »

Pourquoi en douteriez-vous, lecteurs? Le souffle puissant de tant de braves gens, capable de faire tourner les ailes d'un moulin à vent, a fait évanouir les deux gros sous. On ouvre, l'un après l'autre, tous les papiers qui forment le portefeuille magique, on les jette en l'air, on les frappe sur la table : il n'y a plus rien absolument dedans; on forme de nouveau les paquets, on recommence l'opération : les pièces sont revenues à leur place.

L'exemple que nous venons de donner est une application des plus simples que l'on puisse faire du *portefeuille magique* qui est un instrument précieux pour le prestidigitateur : apparition ou disparition de cartes et de lettres, billets brûlés revenus de leurs cendres, opérations arithmétiques effectuées, dessins à peine esquissés, que termine secrètement un diablotin en image que l'on enferme avec les esquisses dans le portefeuille; photographies instantanées obtenues dans l'obscurité la plus noire, et mille autres fantaisies du même genre, peuvent être réalisées, en apparence, à l'aide de ce charmant instrument d'escamotage, dont la confection ne demande que quelques minutes.

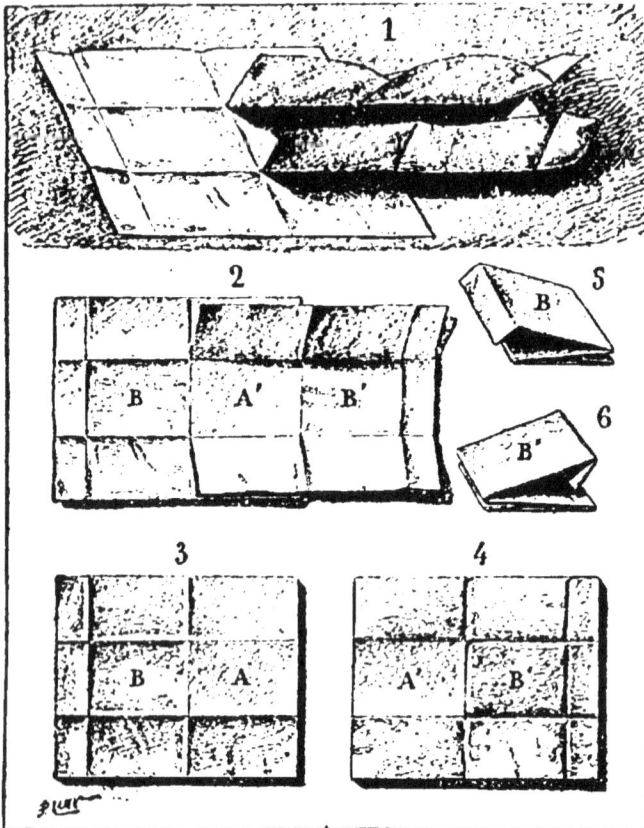

Fig. 45. — L'enveloppe merveilleuse.

Si nous supposons notre portefeuille composé de sept feuilles de papier, les quatre premières, les plus grandes, ainsi que les deux plus petites, les dernières, n'auront besoin d'aucune préparation : on se contentera de les prendre de couleurs différentes les unes des autres, et de faire deux exemplaires absolument pareils de la sixième et de la septième feuille : on verra tout à l'heure pourquoi.

Seule la cinquième feuille de papier est *truquée* : elle est double et disposée comme on le voit au numéro 1 de notre vignette à la page précédente. Voici la manière de la préparer.

Ayant coupé de grandeur égale deux morceaux de papier absolument pareils et ayant la même teinte des deux côtés, formez-y des plis comme le montrent les numéros 3 et 4 de la figure 45.

La feuille n° 3 nous présente le côté extérieur des plis, c'est-à-dire qu'elle se replie partout en arrière; la feuille n° 4 nous présente le côté intérieur des plis : elle se replie en avant.

Enduisez de colle tout le rectangle A de la feuille 3, et appliquez-y très exactement, tel qu'il est présenté sur la vignette, le dos du rectangle A de la feuille de papier n° 4 : vous obtiendrez la disposition que l'on voit dans notre numéro 2. Si alors vous repliez complètement la feuille 3 sous la feuille 4, on ne verra plus que celle-ci, qui aura l'apparence d'une simple feuille de papier.

Les deux feuilles collées et pliées comme nous venons de le dire forment une enveloppe double que montrent les

numéros 5 et 6 de la figure 45 : en 5, la feuille 3 est par-
dessus ; en 6, c'est la feuille n° 4 qui est dessus ; dans le
premier cas on ouvre le paquet de gauche à droite, dans le
second cas, on l'ouvre de droite à gauche ; l'un des compartiments renferme quelque chose, l'autre ne contient rien ;
dans l'un se trouve le dessin commencé, dans l'autre, le
même dessin terminé.

Mais les différents objets ne sont point placés tels quels
et immédiatement dans la feuille double qui, on s'en souvient, est la cinquième. De part et d'autre on met une
sixième et une septième feuille, plus petites que les précédentes, dont on a fait deux exemplaires ; les spectateurs qui, au moment du développement des feuilles de
papier, ont constaté que les quatre premières étaient simples, laissent passer de même la cinquième qui doit être
tenue par les points AA' pour empêcher la partie double
qui est dessous de se déplier. Après cette cinquième
feuille viennent donc la sixième et la septième, simples
également, ce qui écarte définitivement tous les soupçons
possibles.

Mieux encore : on lance un peu en l'air trois ou quatre des
premières feuilles qui font enveloppe, à mesure qu'on les
déplie ; quand on arrive à la cinquième, celle qui est truquée, on simule encore rapidement à peu près le même
geste, mais en ayant soin de ne ; s lâcher la partie AA',
surtout s'il y a des pièces de monnaie cachées dans le

compartiment secret. De plus on a soin, dans ce cas, de faire d'abord glisser les deux pièces l'une sur l'autre dans un angle du paquet pour pouvoir les maintenir réunies, en les serrant fortement à plat, entre le pouce et l'index, afin d'éviter tout choc métallique capable de trahir leur présence.

XLI

LE FOULARD CIBLE

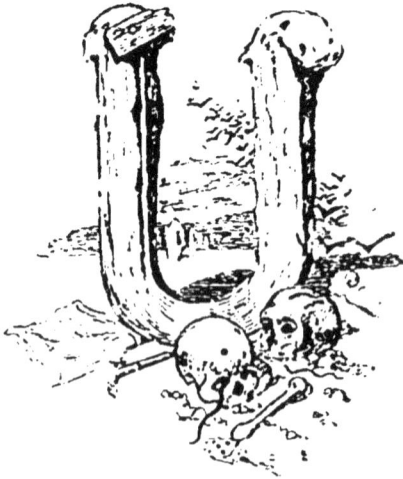

UNE manière brillante de présenter aux spectateurs d'une séance de magie soit des cartes qu'ils ont choisies précédemment, soit le total de plusieurs nombres proposés, ou un mot pensé, soit encore le dessin d'une fleur préférée, ou le portrait d'un grand homme, mort ou vivant, c'est de faire apparaître le tout autour d'une tête de mort et de deux tibias, sur un foulard noir, en tirant un coup de pistolet tromblon chargé des débris du papier ou des cartes employées... sans oublier capsule et poudre. C'est là, dans tous les cas, une jolie variante pour terminer les différents tours de divination décrits dans ce . .ame ou dans notre *Magie blanche en famille* (1).

Le foulard F se compose d'un rectangle d'étoffe, *a b c d*, épaisse et souple, absolument opaque, de 40 centimètres environ de hauteur sur 60 de largeur, au milieu duquel, suivant une ligne *g h*, est cousu par un de ses côtés un second rectangle d'étoffe *g h e f*, de même largeur que le premier, mais haut seulement de 30 centimètres.

Rabattant le côté *e f* du second sur le côté *c d* du premier, on colle sur le rectangle *a b e f*, tête de mort et tibias, cartes, nombre, mot, croissant, fleur, portrait, etc., en un mot tout ce qui devra apparaître quand on tirera le coup de pistolet.

Le servant chargé d'apporter le foulard le tient étendu devant lui, le côté *e f* relevé sur le côté *a b*, de sorte que le foulard paraît tout noir ; il a soin, pour éviter qu'on puisse apercevoir la couture *g h*, de se placer à contre-jour, des lumières étant placées de chaque côté, en arrière de lui.

Au moment précis où part le coup de pistolet, le servant, faisant un mouvement convulsif de terreur, lâche brusquement les deux coins *e f*, en secouant fortement le foulard qui présente instantanément l'aspect que montre la vignette (figure 46), sans qu'on puisse se rendre compte de quelle manière le phénomène s'est produit.

1. Un beau volume in-8 broché : prix 4 francs. (*Note de l'éditeur.*)

Suivant la contexture de l'étoffe, il pourra être utile, après essai, de fixer à demeure dans les ourlets des côtés

Fig. 46. — Le foulard cible.

a b, *e f* et *c d*, de minces fils de fer pour maintenir l'étoffe étendue.

Enfin, si l'éclairage trop vif était absolument défavorable, et s'il y avait danger que les spectateurs trop rapprochés

puissent apercevoir la couture du milieu, ou le double de
l'étoffe, on placerait le servant dans une sorte de guérite
noire, dont un paravent ou une simple caisse — si par
hasard on en avait à sa disposition une qui fût de dimensions suffisantes — et trois rideaux noirs, feraient tous les
frais.

XLII

UN NETTOYAGE DIFFICILE

N sait que le *savon* résulte de l'action de la potasse ou de la soude sur les corps gras, et que ceux-ci sont composés d'un acide gras, combiné à la glycérine, qui est éliminée dans la saponification.

L'acide s'appelle acide *oléique*; il est liquide à la température ordinaire.

Dans le suif il y a deux acides gras différents : l'acide oléiqu' employé pour la fabrication du savon, et l'acide stéarique, employé pour celle des bougies.

Si l'on fait bouillir de l'huile d'olives, par exemple, avec

14

une lessive de soude, l'acide oléique de l'huile se combine avec la soude pour former de *l'oléate de soude*, c'est-à-dire du savon.

Les savons à base de soude sont durs : tel le savon de Marseille; les savons à base de potasse, moins employés, sont mous.

Ces savons, qui sont solubles dans l'eau, ayant la propriété de dissoudre les corps gras, on les emploie pour blanchir le linge, pour se laver les mains, et c'est apparemment un semblable usage que voulait faire du morceau de savon qu'il tient à la main le personnage que montre notre vignette (figure 47).

Pourquoi cette horrible grimace, et qu'est-il donc arrivé ?

Victime d'une étrange aventure, le malheureux voit que, loin de se nettoyer, ses mains deviennent d'autant plus grasses et poisseuses qu'il les savonne davantage.

Vous seriez bien aise, n'est-il pas vrai, de jouer semblable tour à quelqu'un de vos amis?

La chose est aisée.

Versez secrètement dans l'eau destinée à la toilette de la personne que vous désirez mystifier, quelques gouttes — mais *quelques gouttes seulement* — d'acide sulfurique, qui aura pour effet de décomposer le savon en formant du sulfate de soude, sel qui restera dissous dans l'eau, en isolant l'acide oléique insoluble, gras et visqueux,

qui s'attachera aux mains et empêchera de les laver.
Rappelons toutefois qu'il est dangereux de manier l'acide

Fig. 47. — Les mains qu'on ne peut laver.

sulfurique, qui pourrait causer des accidents graves,
s'il était manié sans précautions; on sait qu'une seule

goutte de ce liquide, mise pure en contact avec la peau, suffit pour produire une brûlure ; aussi, conseillerons-nous à tous ceux de nos lecteurs qui ne seraient pas habitués à l'emploi des drogues de ce genre, de remplacer le terrible *vitriol* par quelques cristaux d'acide tartrique ou d'acide citrique qui sont inoffensifs et que l'on peut se procurer facilement partout ; l'effet produit sera, à peu près, le même.

Cette récréation montre qu'il est maladroit d'employer, comme on le fait parfois, le jus de citron — c'est-à-dire l'acide citrique — en même temps que le savon, pour se nettoyer les mains ; le citron seul est préférable pour se débarrasser les mains d'un corps gras.

Si notre petite mystification doit entrer dans le programme d'une séance de physique amusante, le magicien fera en sorte de salir les mains d'une personne qui lui aura prêté bénévolement son concours dans l'exécution de quelque diablerie : ce sera par exemple un objet enduit, par-dessous, de noir de fumée, que l'on aura fait tenir au trop complaisant spectateur ; au moment où celui-ci se disposera à reprendre sa place on s'apercevra de l'*accident* ; on s'empressera de faire apporter une cuvette, du savon et de l'eau... acidulée.

Une autre cuvette sera tenue prête où l'on aura mis dans de l'eau quelques petits cristaux de soude ; on la présentera au patient pour se laver les mains — pour de bon cette fois — quand on jugera venu le moment de faire cesser la mauvaise plaisanterie dont on aura payé, avec perfidie, un service rendu.

Défiez-vous des magiciens et tenez-vous loin d'eux, innocents spectateurs, car, voyez-vous, ces gens-là ont toujours en réserve quelque vilain tour à jouer.

XLIII

LA DANSE DE L'ŒUF

E bon vieux tour de la danse de l'œuf sur une canne est un de ces tours classiques qu'on voit toujours avec plaisir. Exécuté habilement, il intéresse ceux mêmes qui en connaissent le secret, car, à deux pas de distance, on ne voit plus que l'œuf et on oublie le fil noir qui le tient.

Mais ce tour, précisément parce qu'il n'est pas nouveau, doit être exécuté d'une manière irréprochable; l'adresse voulue ne s'acquiert que moyennant quelques exercices préalables, récréatifs eux-mêmes.

Savez-vous pourquoi certains amateurs magiciens

n'obtiennent qu'un médiocre succès dans les petites séances qu'ils offrent à leurs amis?

C'est parce qu'ils veulent tout improviser, parce qu'ils n'aiment que la besogne toute faite et qu'ils ne tentent pas le moindre effort pour développer un peu leur adresse, reculant devant tout exercice préparatoire, seul moyen cependant d'arriver à exécuter un tour avec naturel et facilité.

Les préparatifs du tour sont simples.

Aux deux bouts d'un fil de soie noire F, long de trente à quarante centimètres, on attache d'une part un morceau d'allumette en bois B, de l'autre une épingle recourbée en crochet (figure 49, page 219). On fait un petit trou au gros bout d'un œuf et on y introduit en long le bout d'allumette qui se place ensuite de lui-même en travers, comme le montre la figure, quand on tire sur le fil.

On peut aussi vider l'œuf pour le rendre plus léger ; cette opération peut se faire de deux manières différentes. Après avoir pratiqué un petit trou à chaque bout de l'œuf, si l'on est amateur d'œufs crus, on appuie les lèvres sur le gros bout de l'œuf, et, par succion, on en aspire le contenu ; c'est très bon, dit-on, pour la santé ; dans le cas contraire, on souffle fortement dans l'un des trous de l'œuf pour en faire sortir le contenu par l'autre ; on imprime de temps en temps quelques fortes secousses à l'œuf, pour faciliter l'opération.

Plein ou vide, l'œuf en question est placé entre deux autres œufs sur une assiette, tandis que l'épingle recourbée E, à

Fig. 48. — La danse de l'œuf.

laquelle il est relié par le fil de soie, est attachée à l'une des boutonnières les plus basses du gilet de l'opérateur, dissimulée le mieux possible derrière l'étoffe. On présente l'assiette à un spectateur et on l'invite à désigner celui des trois œufs qui doit servir pour le tour ; le plus souvent l'œuf du milieu sera choisi; si l'un des œufs de côté était indiqué, il faudrait opérer une substitution en faisant rouler les œufs sur l'assiette tandis qu'on retournerait à la place où s'exécutent les tours.

Là, on prend une canne qu'on tient horizontalement de la main droite, environ vingt centimètres plus haut que le point d'attache de l'épingle.

De la main gauche, on place l'œuf sur la canne qui doit passer sous le fil de soie noire, très près de l'œuf, et être éloignée de la poitrine à la distance voulue pour que ce fil soit tendu; l'œuf prend alors la position que montre la figure 48 et s'y maintient en équilibre ; on imprime des mouvements très petits et très doux à la canne, dans le but de faire pencher l'œuf dans tous les sens, et de faire craindre sa chute, empêchée, bien entendu, « par la *force attractive* de la main gauche de l'opérateur » qui y lance des torrents de fluide.

C'est là le premier exercice de l'œuf; mais ce n'est pas suffisant : on va le faire danser au son de la musique. Pour cela, on le couche en travers sur la canne, le bout d'où sort le fil noir tourné, évidemment, du côté de l'épingle.

Si on incline alors successivement à droite et à gauche

la canne tenue par ses deux extrémités, l'œuf se met à rouler d'un bout à l'autre ; à dire vrai, ce n'est là qu'une illusion, car l'œuf reste à peu près à la même place : c'est la canne qui glisse dessous.

L'opérateur doit en même temps tourner un peu sur lui-

Fig. 49. — Coquille préparée pour la danse de l'œuf.

même, en s'inclinant à droite et à gauche, pour rendre plus complète l'illusion de la danse de l'œuf.

Point d'accident à craindre si l'on fait en sorte que le fil soit toujours bien tendu et l'œuf légèrement incliné en avant; ce résultat semble d'abord un peu difficile à obtenir; il arrivera même plus d'une fois, jusqu'à ce que l'on se soit exercé suffisamment, que l'œuf tombe vers l'opérateur; cela n'a aucun inconvénient quand il est vide, car la longueur du fil n'est pas suffisante pour qu'il vienne toucher le sol, et son poids est dans ce cas trop léger pour qu'une cassure se produise facilement aux points de contact de la coquille avec la petite cheville B (figure 49); cet accident se produirait certainement au contraire si l'œuf était plein.

Il sera bon, pour graduer les difficultés, de remplacer la canne, dans les premiers essais, par une règle plate de bureau.

On emploie aussi quelquefois pour ce tour un œuf en bois : mais le mieux, quand on se croira devenu assez habile, sera d'employer un œuf véritable, non vidé ; on aura ainsi l'avantage de pouvoir ensuite montrer, en le cassant, qu'il n'était point préparé; la seule précaution à prendre sera de choisir un œuf solide, dont la coquille soit suffisamment forte pour qu'on n'ait pas à redouter une catastrophe.

Encore un conseil pour finir. Si, par malheur, l'œuf venait à tomber pendant que vous le ferez danser sur la canne, baissez-vous promptement, comme pour le ramasser, afin qu'il se brise sur le sol au lieu de rester suspendu devant vous, ce qui ferait rire à vos dépens; dites simplement que vous allez recommencer le tour. Prenez alors un nouvel œuf, mis par vous en réserve, et déjà percé d'un trou à une extrémité ; vous n'aurez qu'à y introduire la petite cheville B (figure 49) qui termine le fil de soie, profitant pour cela du moment où vous tournerez le dos à l'assistance. Soyez alors plus heureux… et plus habile !

Pour rajeunir ce tour, des prestidigitateurs ont substitué à l'œuf une pomme, une orange, une boule en bois ; tout cela, à mon avis, ne vaut point « la danse de l'œuf ».

XLIV

LES BOITES AU MILLET

FAUT-IL bien donner une place dans notre recueil à ce modeste tour de passe-passe connu depuis bien long-temps sous le nom de *Millet voyageur*?

Oui, car notre livre s'adressant à tous, petits et grands doivent y trouver des escamotages à leur convenance; c'est donc à l'usage des tout jeunes enfants que les aînés de la famille fabriqueront, suivant les indications que l'on va lire, les boîtes au millet.

« Mesdames, messieurs — dira le petit magicien — je vous présente ces deux boîtes qui sont vides; je remplis l'une de grains de millet, et, plaçant l'autre à quelque dis-tance, je les recouvre toutes deux d'un bol en porcelaine :

le millet va se transporter invisiblement de la première boîte dans la seconde ».

La figure 50 montre les deux boîtes. Pour les construire on fait d'abord deux cylindres en carton. Dans chaque cylindre, à quatre ou cinq millimètres de l'une des extrémités, on colle un disque de carton qui formera le fond de la boîte; extérieurement, sur toute la surface de ce même disque de carton, on fixera, avec de la colle forte, des grains de millet. On voit une coupe de ce petit appareil très simple, au bas, à droite, de la figure 50; la lettre *m* y indique le millet; placées dans cette position, les boîtes paraissent vides; quand on plonge la première « pour la remplir » dans le sac en toile qui contient la provision de millet, on la retourne, tandis qu'elle se trouve cachée par les bords du sac d'où on la retire sens dessus dessous, avec une petite pyramide de graines sur le fond qui est devenu maintenant la partie supérieure de la boîte renversée.

On fait alors remarquer aux spectateurs que l'expérience ne peut réussir que si le millet ne dépasse pas le bord de la boîte; en même temps, de la main droite, on égalise le niveau, comme le montre la figure 50, c'est-à-dire qu'en réalité on enlève toutes les graines qui ne sont pas collées au cartonnage.

En plaçant sous le premier bol cette boîte qui semble pleine de millet, on la retourne de nouveau; le fond en est donc tourné cette fois vers le bas; on retourne aussi, avant de la recouvrir du second bol, la seconde boîte qu'on a montrée vide et·dont on place en haut le fond.

Fig. 50. — Les boîtes au millet.

Quand, après les passes magiques indispensables, on découvre les deux boîtes, le millet paraît avoir traversé invisiblement l'espace pour se rendre de l'une dans l'autre. En un mot, chaque boîte paraît à volonté vide ou remplie de millet, suivant le sens dans lequel on la présente.

Ce petit tour se résume donc à retourner de la main droite une boîte au moment où elle se trouve cachée par le bol dont on la recouvre de la main gauche : que pourrait-on imaginer de plus facile à faire?

XLV

INTERMÈDES MUSICAUX

GNOREZ-VOUS que tous les arts, tous les talents, sont l'apanage des prestidigitateurs ?

Ces messieurs sont donc aussi musiciens et plusieurs d'entre eux ont coutume de couper leur séance en offrant à leurs spectateurs l'audition de quelques morceaux de musique.

Les uns aiment à jouer eux-mêmes, gravement, quelque passage de la *Norma* sur l'harmonica de Franklin ; d'autres préfèrent charger quelque joyeux clown d'exécuter une bruyante polka au moyen de baguettes de tambour frappant sur des bouteilles, pendant qu'eux-mêmes reprennent haleine dans la coulisse et boivent à petites gorgées le verre d'eau sucrée qui doit rendre la vigueur nécessaire à leur gosier altéré par l'éloquence abondante de leurs boniments.

C'est pourquoi nous avons fait ici une place à ces deux modes tant soit peu étranges de jouer de la musique ; du reste, l'un et l'autre peuvent être, pour des musiciens, un sujet de récréation en famille.

Il y a un siècle et demi environ qu'un Irlandais, ayant remarqué que l'on pouvait produire un son musical assez agréable en faisant glisser sur les bords d'un verre en cristal un doigt mouillé, imagina d'exécuter des airs de musique au moyen d'un instrument composé de verres de plusieurs dimensions, accordés de manière à produire chacun une note différente, et dont les pieds étaient fixés à un plateau de bois.

L'inventeur ayant péri dans un incendie avec son instrument, un M. Delaval « de la Société royale de Londres », — si la chose peut vous intéresser — en construisit un autre du même genre auquel il apporta quelques améliorations, choisissant mieux les dimensions et l'épaisseur des verres employés.

Franklin entendit cet instrument et, charmé de la beauté et de la douceur des sons qu'il produisait, le savant Américain chercha à le perfectionner. Il y réussit en construisant un appareil que nous allons décrire d'abord et qui seul

devrait porter le nom de l'illustre inventeur du paraton-
nerre. Quant à l'instrument composé d'une série de verres
à pied en cristal, — celui qu'affectionnent tout particu-

Fig. 51. — Harmonica de Puckeridge.

lièrement les prestidigitateurs, — il devrait être appelé du
nom de son véritable inventeur; mais qui donc connaît, ou
voudrait se rappeler le nom de Puckeridge?

Le véritable *harmonica de Franklin*, qui ne mérite pas

l'oubli dans lequel il est tombé, se compose de soucoupes demi-sphériques en cristal, s'amincissant vers les bords, et percées, au centre, d'un trou dans lequel entre, à frottement dur, un bouchon ; tous les bouchons sont percés et enfilés dans une broche en fer, plantée verticalement sur un disque tournant horizontalement et qui est mû par une pédale ; par ce moyen tous les verres, distants l'un de l'autre de deux à trois centimètres, tournent sur eux-mêmes, entraînés pa le mouvement de rotation de la tige qui leur sert d'axe commun. On accorde ces verres en usant leurs bords sur une meule.

Le musicien, assis devant l'instrument monté sur une petite table, commence par mouiller les verres avec de l'eau légèrement acidulée ; puis il les met en mouvement et en tire des sons en y appliquant ses doigts mouillés, qu'il humecte de temps en temps en les plongeant dans l'eau, également acidulée, de deux petites soucoupes placées à portee de ses mains. Il peut, par ce système, toucher simultanément quatre ou cinq notes de l'instrument.

Des perfectionnements heureux ont été apportés depuis à l'harmonica, mais on en a fait des instruments coûteux que l'on ne construit plus guère aujourd'hui que sur commande.

A défaut de ceux-ci, revenons à l'harmonica primitif de Puckeridge. On arrive assez vite, avec un peu d'application, à en jouer d'une manière satisfaisante ; nous avons connu un artiste habile qui donnait de véritables concerts sur cet instrument où la mélodie prenait des accents saisissants ; l'accompagnement était fait par le piano. On peut exécuter ainsi la plupart des morceaux écrits pour violon et piano, pourvu qu'ils ne soient pas d'un mouvement rapide, car, sur l'harmonica, les sons sont un peu lents à se produire.

Pour construire un harmonica, on choisit des verres en cristal, de préférence non taillés, en forme de calices et très minces.

En prenant deux ou trois verres de chacune des sortes qui composent ordinairement les services de table et en y ajoutant quelques coupes à champagne, on aura ce qui est nécesssaire pour obtenir de une à deux gammes, avec deux ou trois dièses ou bémols : c'est là plus qu'il n'en faut pour jouer une grande variété d'airs.

Commencez par reconnaître, à la percussion, le son que donne chacun de vos verres, et placez-les par ordre, mettant à votre droite celui qui a le son le plus élevé ; supposons que ce soit un *ut ;* frappez le second verre : s'il donne le *si,* passez au troisième ; si au contraire il donne un son trop élevé, mettez-y peu à peu de l'eau jusqu'à ce que vous obteniez la note désirée ; passez au *la,* et continuez la gamme tant que vous aurez des verres ; ajoutez un *mi bémol,* un *fa dièse,* un *si bémol,* un *do dièse,* et disposez tous ces verres sur un plateau, dans l'ordre que vous jugerez le meilleur. Si, en passant d'un certain format de verres à une dimension supérieure, vous constatez un écart de son plus grand que l'intervalle musical dont vous avez besoin, il faudra, soit ajouter un verre pareil aux précédents et chercher à en baisser suffisamment le son en y mettant de l'eau, soit prendre un verre de dimensions et et d'épaisseur intermédiaires, tel qu'il produise la note désirée ou une note un peu plus haute, que vous baisserez un peu comme nous l'avons dit.

Le premier accord sera difficilement très juste ; il faudra reprendre ensuite successivement les séries de notes qui donnent ensemble l'accord parfait, *do, mi, sol ; fa, la, do ; si bémol, ré, fa ; la, do dièze, mi*, etc., jusqu'à ce que le résultat soit satisfaisant.

On pourra coller sur le pied de chaque verre une étiquette portant le nom de la note qu'il donne. Si l'on devait jouer souvent de l'instrument, il serait utile de fixer les verres par leurs pieds au plateau de bois qui les porte.

Enfin, aux personnes adroites, nous conseillerons de percer dans les verres un très petit trou, bien exactement au point d'affleurement de l'eau dans chaque verre accordé, suivant le procédé que nous avons indiqué avec une vignette explicative au chapitre XXXVII ayant pour titre : *Un grand monsieur qui devient un petit enfant.*

On comprend l'utilité d'un semblable petit trou ; il permet d'accorder rapidement l'instrument. Il suffit, en effet, de verser dans chaque verre une quantité d'eau supérieure à celle qu'il doit contenir ; le surplus s'écoulant aussitôt

Fig. 52. — Musique sur des bouteilles.

par ce trou, le verre se trouve mis automatiquement au ton voulu.

Si vous voulez devenir un exécutant habile, commencez par vous exercer à produire un son régulier sur un seul verre. Pour cela, mouillez-en le bord, plongez votre index dans de l'eau acidulée par quelques gouttes de vinaigre ou de jus de citron et faites glisser, lentement d'abord, puis de plus en plus vite, votre index sur le verre, non pas transversalement, mais en suivant les contours de la coupe.

Vous n'obtiendrez peut-être d'abord qu'une sorte de grincement assez désagréable, mais, tout à coup, vous entendrez un beau son musical d'une grande pureté. Exercezvous alors à produire ce son d'une manière régulière, puis à en augmenter et à en diminuer graduellement l'intensité, en appuyant plus ou moins sur le verre. Prenez ensuite deux et plusieurs verres, jouez alternativement de la main droite et de la main gauche sans interrompre la mélodie, et habituez-vous à plonger rapidement dans la soucoupe d'eau acidulée, ou même au besoin dans l'un des verres, le doigt qui se trouve libre. Enfin jouez toutes les mélodies, tendres, tristes ou langoureuses que vous connaîtrez; mais n'abusez pas de l'harmonica dont les sons ébranlent fortement le système nerveux.

Quant à la musique bruyante et joyeuse que l'on produit à coups de baguettes de tambour, frappés sur des bouteilles, elle est surtout un prétexte à pantomime comique et à grimaces burlesques.

L'aspect de l'instrument, dont le tort est d'être assez encombrant, mais qui, démonté, peut occuper très peu de place, se voit dans notre figure 52; il pourra être modifié suivant la place et le matériel dont on disposera.

Des bouteilles et des fioles de différents formats sont suspendues par des ficelles à des tringles ou à des bâtons placés horizontalement, et dont les extrémités reposent sur des chaises ou sur des supports spéciaux.

Après avoir placé en ordre les bouteilles, suivant la hauteur du son qu'elles rendent au choc, on les accorde, comme les verres de l'harmonica, en y versant de l'eau; les sons les plus graves sont donnés par les grosses bouteilles presque pleines d'eau.

Avec un semblable instrument on peut, moyennant des exercices suffisants, arriver à exécuter à deux, quatre ou six mains, des airs agréables à entendre et capables de charmer, une fois en passant, même des oreilles musicales.

Un mérite que tout le monde accordera à cet étrange piano, c'est qu'il est, sans contredit, le moins coûteux des instruments de musique.

XLVI

DISPARITION MERVEILLEUSE D'UN ENFANT

RAND tour à effet, l'escamotage d'un enfant terminera d'une manière brillante une séance de magie blanche.

Cette récréation, qui produit toujours une vive surprise chez les spectateurs, est à la portée de tous les amateurs, car escamoteur et escamoté n'y ont à jouer qu'un rôle assez facile. Le matériel nécessaire n'est pas très compliqué; il se compose d'un piédestal et d'une sorte de cylindre dont nous indiquerons plus loin la construction; le prix de revient de ces deux objets pourra varier de cinq à trente francs, ou même dépasser cette somme, suivant que l'on s'adressera au menuisier, au peintre, au tapissier, ou que, amateur de travaux manuels, on mettra soi-même la main à l'œuvre et que l'on se contentera de transformer en piédestal une vieille caisse qui sera rendue présentable par une garniture de papier peint ou d'étoffe.

Il faudra en outre une planche — une rallonge de table, par exemple — et un grand tapis de laine, carré, d'un mètre et demi au moins de côté... et c'est tout.

Voyons d'abord l'effet du tour.

Un enfant est placé sur le piédestal. Pour éviter tout soupçon de substitution, on lui attache au cou, à la ceinture, aux bras, divers objets fournis par les spectateurs : clefs, mouchoirs, médailles, rubans, que l'on peut même sceller en employant pour cela de la cire molle : on fait ainsi durer le plaisir.

L'enfant est voilé sur son support par le grand cylindre formé de bois et d'étoffe, qui est recouvert ensuite par le tapis de laine dont nous avons parlé : le magicien dit que c'est pour éviter que l'enfant puisse s'échapper par en haut.

A cela quelqu'un répondra peut-être que le piédestal est bien là pour servir à quelque chose.

« — Ce support vous semble suspect ? Eh bien, nous allons isoler complètement l'enfant dans l'espace ! »

Le magicien et son aide — car cette scène demande trois personnages — prennent chacun la rallonge de table par une extrémité, et la tiennent horizontalement, soulevée devant l'enfant, à la hauteur du piédestal.

« Avancez ! » commande le magicien au petit prisonnier. L'enfant obéit, et vient se placer sur la planche, entraînant avec lui le cylindre recouvert du tapis qui le cache aux yeux de l'assistance (figure 56, page 243).

Un faux mouvement du servant qui, à ce moment, a fait

Fig. 53. — Départ de l'enfant.

basculer légèrement en arrière le cylindre, a laissé voir un instant à tout le monde les pieds de l'enfant, qui est donc isolé maintenant au milieu de la scène, sur une planche portée par deux hommes. C'est dans ces conditions difficiles que l'escamotage va s'opérer.

Un silence profond règne dans l'assistance.

« — Celle-là serait forte, par exemple ! » dit un monsieur qui a l'habitude de faire à haute voix ses réflexions.

« — Une... deux... trois ! » commande le magicien. Le

cylindre renversé tombe et roule vide sur le sol. Plus personne sur la planche ; mais, du fond de la salle, part un frais éclat de rire : c'est l'enfant escamoté qui apparaît là-bas ; il accourt, muni des divers objets dont on l'a chargé ou marqué, et qui sont toujours tels qu'on les a mis, fixés sur sa poitrine, à son cou, à ses bras, par les scellés intacts.

Expliquons de quelle manière l'enfant a été escamoté.

La figure ci-dessous montre la manière de confectionner

Fig. 54. — Cylindre pour l'escamotage d'un enfant.

le cylindre ; trois cercles de tonneau, six lattes et dix-huit clous, en forment la carcasse qui pourrait aussi être établie en osier ou en gros fil de fer ; le tout est recouvert d'une étoffe absolument opaque.

Le côté supérieur du piédestal (figure 55, page 241) peut s'ouvrir en s'abaissant ; il est fixé, d'une part, par deux charnières ; de l'autre, par un verrou que le magicien ouvre au moment où il voile l'enfant ; celui-ci tient alors les jambes écartées de manière à reposer un instant sur les bords du piédestal, dans lequel il descend sans retard.

Comme, malgré le coussin disposé pour le recevoir, il serait impossible à l'enfant d'exécuter l'opération sans un peu de bruit et surtout sans faire remuer le cylindre, une petite comédie se joue alors entre le magicien et le petit bonhomme qui proteste, refusant de se laisser escamoter. En criant à l'enfant de rester tranquille et d'obéir, le magicien a un prétexte pour maintenir de ses deux mains le cylindre, et il feint de lutter encore contre la révolte du

Fig. 55. — Piédestal pour la disparition de l'enfant.

petit gamin quand celui-ci est déjà au fond du piédestal.

Ici le prestidigitateur doit éviter de se presser; il continue à raconter tranquillement aux spectateurs des histoires invraisemblables qui se rattachent plus ou moins bien à l'expérience, et, tout en causant, il prend lentement le tapis de laine qu'il a déposé à terre, après l'avoir présenté au public un instant auparavant, de telle sorte qu'en le ramassant (figure 56, page 243) il cache pendant un court instant à l'assistance l'espace qui sépare le piédestal, de la coulisse du théâtre, ou d'une porte ouverte dans le voisinage. L'enfant profite de ce moment pour s'enfuir en se traînant rapidement sur les genoux; le servant du magicien, qui se promène sur la scène du côté opposé, accroche *maladroitement* au passage une assiette qui, placée au bord d'une table, tombe et se casse avec bruit; ou bien il joue avec le pistolet du magicien et le fait partir, comme par accident; cela, on le comprend, dans le but de détourner l'attention des spectateurs.

Toute cette manœuvre doit être répétée préalablement avec soin par les trois acteurs de cette comédie, car le succès de l'expérience en dépend. Prestidigitateur, enfant et servant doivent agir avec un ensemble parfait.

L'écueil, pour le magicien novice, c'est qu'il s'agite ou se trouble au moment décisif. Maintes fois nous avons fait exécuter ce joli tour de magie devant des assistances diversement composées: jamais la fuite de l'enfant, à ce moment, n'a été soupçonnée, et même, le plus souvent, nous n'avons pas eu recours à la diversion causée par la feinte maladresse du servant.

Deux choses alors doivent convaincre le public que l'enfant est toujours là.

La première c'est qu'il paraît s'avancer sur la rallonge de table. Illusion: un fil de soie noire A B, indiqué par le pointillé de la figure 56, traverse la scène, fixé au mur d'une part, et tenu, à l'autre extrémité, par un servant caché dans la coulisse; ce fil vient s'appuyer par derrière contre le cylindre, vers le bas de celui-ci.

Quand l'ordre est donné, à l'enfant déjà absent, de s'avancer, le second servant tire, de la coulisse, le fil, et le cylindre vient de lui-même se placer sur la planche.

Fig. 56. — L'enfant paraît s'avancer sur la planche.

Mais les pieds de l'enfant que vient de faire voir, dans sa maladresse, l'aide du magicien?

C'est une simple paire de souliers bourrés de papiers ou de chiffons, et semblables à ceux que porte l'enfant; attachés ensemble, ils étaient suspendus à l'intérieur du cylindre par un fil, qu'une épingle passée par l'extérieur, et traversant une boucle faite au milieu du fil, retenait à une hauteur suffisante : l'épingle enlevée adroitement par le prestidigitateur, les deux souliers sont descendus sur la planche, toujours attachés par l'autre extrémité du fil à l'intérieur du cylindre où ils sont restés cachés quand celui-ci a été jeté à terre, de telle sorte, bien entendu, qu'aucune de ses deux ouvertures ne se présentât aux regards des spectateurs.

Quant à l'enfant, il est rentré doucement dans la salle par une porte ou par une fenêtre laissée ouverte avec intention, et il n'a pas eu beaucoup de peine à se tenir caché un instant, toute l'attention des spectateurs se portant à ce moment sur le jeu du magicien.

XLVII

MAGIE NOIRE

E titre « Magie noire » a souvent été donné dans les programmes pompeux des escamoteurs à une série de tours de *physique amusante* où les prestiges accomplis sont attribués non plus au seul pouvoir de la baguette magique ou au talent de l'artiste qui les présente, mais à l'intervention d'êtres invisibles, à l'action d'agents mystérieux au nombre desquels, bien entendu, figure en bonne place, l'hypnotisme accommodé à toutes les sauces.

La mise en scène est le plus souvent effrayante ou lugubre. Le magicien qui voit l'avenir, qui déroule les secrets du passé, qui lit « jusqu'au fond du cœur » les pensées des gens, y devient un être surnaturel dont le principal privilège est une double vue, ignorée du commun des mortels.

Or, parmi les tours de sorcellerie, il en est peu qui aient le privilège de captiver l'intérêt des spectateurs autant que ceux où la *double vue*, qu'elle soit ou non accompagnée de tours de spiritisme simulé et d'hypnotisme de fantaisie, joue un certain rôle.

Chose curieuse à remarquer : les expériences de cette sorte, d'un aspect si mystérieux, sont ordinairement des plus faciles à exécuter, et si le secret en est assez rarement deviné par la majorité des spectateurs, c'est que ceux-ci mettent ordinairement, de leur côté, une forte dose de bonne volonté pour s'illusionner et pour attribuer à des fluides inconnus, à de réelles transmissions de la pensée, les phénomènes qu'on déroule devant eux. Il y a là une sorte *d'auto-suggestion*, pour parler le langage des hypnotiseurs. Aussi, la mise en scène a-t-elle, en pareil cas, une importance toute particulière, et, dans ce que nous allons en dire, le magicien amateur trouvera certainement des indications pratiques dont il pourra tirer parti, pour les séances de physique amusante un peu solennelles qu'il aura l'occasion de présenter dans des réunions de parents et d'amis.

Quand on veut faire de la *magie noire* — dans le sens que nous avons donné à ces termes — il faut, avant d'aborder les expériences elles-mêmes qui forment l'ensem-

ble plus ou moins fantastique qu'on en a composé, les préparer, les annoncer, les faire attendre; il faut amener peu à
peu les spectateurs à l'état d'esprit convenable; on dispo-

Fig. 57. — Tableau représentant une scène d'hypnotisme.

sera pour cela, en famille comme au théâtre, de nombreux
moyens; nous attirerons tout particulièrement l'attention
du lecteur sur les suivants.

Le *boniment* où tout doit être calculé; où trouveront place
d'étranges histoires.

Le ton de la voix qui, dans les moments solennels, deviendra bas et mystérieux.

Le décor, où figureront des objets aussi disparates que singuliers, rassemblés un peu de partout : grand miroir drapé de noir, lavabo, fioles de dimensions variées, chaînes en métal poli, appui-tête de photographe, draps blancs, clochettes, crécelle, diapason, tam-tam, cymbale, aimants ; de ci, de là, on y ajouterait, si c'était possible, quelques tableaux spéciaux, brossés à grands coups de couleurs à l'eau, de vieilles estampes, des dessins, des photographies ou même des images d'Épinal — s'il s'en trouvait — le tout représentant soit des scènes d'hypnotisme : individus en léthargie ou en catalepsie, dans des attitudes effrayantes (figure 57, page 247), soit des scènes de magnétisme imaginaire, de suspension aérienne (figure 58, page 249).

La figure 59, page 251, donne un aperçu de ce que peut être une mise en scène de ce genre dans une séance de *magie noire ;* mais pour tracer son plan chacun suivra surtout son goût et les inspirations de son imagination, d'après le matériel et l'état des lieux dont il disposera.

On soignera tout particulièrement la composition de la pantomime que devra jouer *le sujet* dont le pâle visage — blanchi à la poudre de riz — sera grave et sérieux, et qui ne devra s'endormir que peu à peu, après avoir donné des signes non équivoques de la plus vive émotion, accompagnés de quelques lentes et larges inspirations.

On réglera l'éclairage dont l'intensité sera diminuée peu à peu jusqu'à ce qu'on soit arrivé, insensiblement, à une demi-obscurité.

Fig. 58. — Tableau représentant une scène de suspension aérienne.

Il est bien entendu que chacune de ces choses prise séparément serait sans aucune utilité et que, dans le cours des expériences, aucun des objets dont nous avons fait l'énumération ne pourra trouver son emploi, sauf peut-être la clochette, le diapason et le tam-tam ; cependant tout cet ensemble a son utilité : il compose la *mise en scène* propre à illusionner et à impressionner les spectateurs.

Outre les expériences, que nous allons décrire aux chapitres suivants, on pourra faire figurer au programme de la séance de *magie noire* : *Les liens inutiles, Le mur transparent, Comment on prédit l'avenir, La lettre cachetée*, récréations que l'on trouvera aux chapitres IX, XLVI, LVIII, de *Magie blanche en famille*, notre première série de tours de physique amusante.

Nous avons dit que souvent l'hypnotisme simulé joue un grand rôle dans notre *magie noire*; arrêtons-nous un instant sur ce sujet.

Beaucoup de sottises, grosses et petites ont été dites et écrites à propos de l'hypnotisme.

Rassurez-vous, lecteurs, je ne veux point vous apprendre l'art de magnétiser, qualifié par les uns d'œuvre diabolique, confondu, de bonne ou de mauvaise foi, par d'autres, avec le spiritisme qui évoque les *esprits* des morts, ou rangé avec ce que la sorcellerie et la magie, j'entends la magie malfaisante et coupable, ont de plus hideux.

Condamné sans rémission par ceux qui, de faits les plus controuvés et les plus absurdes, ont tiré des conclusions logiques, il est vrai, mais dont le moindre défaut est de crouler par la base; défendu et prôné outre mesure par ceux qui n'hésitent pas à en faire une panacée, et qui ne voient aucun inconvénient à ce que ce redoutable moyen

thérapeutique soit abandonné à toutes les mains, l'hypnotisme, considéré en lui-même, n'est pas plus un jeu ou une
curiosité amusante, qu'il n'est une œuvre diabolique. On
peut user et abuser de tout ce que Dieu nous a donné : du

Fig. 59. — Mise en scène de magie noire.

bon vin « qui réjouit le cœur de l'homme » comme de
l'hypnotisme, comme des poisons qui sauvent ou qui
tuent, suivant l'opportunité de leur application.

Il ne s'agit du reste ici que de passer en revue, pour les
utiliser à l'occasion, dans une mise en scène un peu dramati-
que, quelques-uns des artifices en usage chez les entrepre-

neurs de spectacles forains, pour simuler des scènes d'hypnotisme, afin de mieux duper, de concert avec leurs som-
nambules extra-lucides, les badauds qui s'adressent à eux.

Un bandeau sur les yeux n'empêchant nullement de voir
plus bas, devant soi, — faites-en l'expérience — grâce à la
proéminence du nez qui laisse un vide suffisant, le faux
somnambule, interrogé, peut d'abord décrire le costume
des personnes qu'on lui présente, car on a soin de le placer sur un siège un peu élevé; quelques réflexions au sujet
de renseignements divers, habilement recueillis par des
compères un instant auparavant, sur la place publique ou
dans la salle même où l'on se trouve, en voilà plus qu'il
n'en faut, en pareil cas, pour émerveiller des naïfs, animés
d'avance des dispositions les plus favorables.

Mais afin d'impressionner davantage le public, on joint
à tout cela la simulation de divers phénomènes catalepti-
ques, léthargiques, somnambuliques.

C'est d'abord l'attraction du sujet.

Le magnétiseur étend sa main derrière les omoplates du
somnambule, et celui-ci est attiré en arrière : il semble lutter en vain contre une force invisible.

On commence par tenter l'expérience sur un compère;
on demande ensuite à un spectateur la permission d'essayer sur lui « cette force du magnétisme » et, pour le
rassurer, on lui annonce cependant que l'intervention du
sommeil hypnotique n'est pas indispensable. Si la propo-

sition est acceptée et si le visage du personnage dénote une dose suffisante de simplicité, le magnétiseur, qui tient en main un fil de soie noire très fort auquel est attachée une

Fig. 60. — Simulation d'une scène de catalepsie.

petite épingle recourbée en forme de crochet, appuie sa main sur le dos de son client, ce qui lui permet d'accrocher l'épingle à la veste; s'éloignant ensuite un peu, il prononce un discours capable d'impressionner l'imagination de sa victime, puis il tire légèrement sur le fil; l'attraction ainsi produite n'est, comme on le voit, rien moins que mystérieuse.

C'est encore un paquet d'allumettes soufrées qui, enflammé, est placé sous le nez du *somnambule*, et celui-ci ne bronche pas.

Vous pouvez tenter l'expérience vous-même. Faites une inspiration profonde avant d'enflammer le soufre, et expirez l'air très lentement, pendant tout le temps que durera la combustion. Avant que l'air ne vous manque, jetez les allumettes loin de vous et changez de place, pour sortir de la fumée qui entourera votre visage, avant de respirer de nouveau ; il ne vous faudra pas, dans ces conditions, un grand effort pour empêcher tout mouvement sensible des muscles de votre visage.

L'insensibilité apparente des nerfs, l'invulnérabilité, s'obtiennent le plus souvent au moyen des poinçons, couteaux et clous truqués qui sont bien connus de nos lecteurs. (Voir le chapitre XXXII de *Magie blanche en famille.*)

Un numéro sensationnel, souvent exploité, est la simulation plus ou moins exacte de la rigidité cataleptique que montre notre figure 60, page 253.

Le patient est posé sur deux chaises écartées l'une de l'autre; ses pieds appuyés sur l'une ; ses épaules, ou seulement sa tête, reposant sur l'autre chaise ; il peut, en cette, situation, supporter sur sa poitrine un poids assez considérable, tel que celui d'une autre personne.

La difficulté n'est pas aussi grande qu'on le supposerait tout d'abord ; nous avons vu des écoliers exécuter facilement ce petit tour de force. Le secret consiste à recourber

Fig. 61. — Simulation d'une scène de fascination.

l'épine dorsale en arc de cercle, en se soulevant le plus possible, et en tenant tous les muscles absolument rigides.

Il sera prudent, si quelqu'un veut tenter l'expérience, de disposer des coussins sur le plancher, et d'agir avec précaution, chargeant d'abord graduellement de livres ou d'objets analogues la poitrine du cataleptique de bonne volonté.

Enfin on peut assister aussi à la simulation d'étranges scènes de fascination.

L'hypnotiseur, après un boniment et des explications terrifiantes, invite un spectateur à se laisser *magnétiser* ; sous l'impression de semblables discours il se trouve assez rarement quelqu'un qui ait le courage de se dévouer pour subir les épreuves désagréables par lesquelles on a manifesté l'intention de le faire passer. Si par hasard un indiscret de ce genre se présente malgré « les dangers de l'expérience » on le trouve *trop nerveux, trop impressionnable*, et, s'il persiste, on s'arrange pour le lasser bien vite, ou l'on finit tout simplement par avouer que certains sujets sont « réfractaires au magnétisme ». D'une manière ou d'une autre, un compère bien dressé finit par sortir de l'assistance et se prête aux expériences de fascination. Immobilisé sur place ou cloué à son siège par le regard fascinateur du magicien, notre homme ne peut réussir, malgré des efforts désespérés, à quitter sa place ou à se lever ; un poids de cinq kilos, qu'il a d'abord tenu à bras tendu, devient subitement pour lui « par suggestion », un poids *de cinq cents kilos* qu'il ne peut plus soulever de terre (figure 61).

Nous n'en finirions pas si nous voulions seulement esquisser les scènes multiples imaginées pour servir de prologue ou d'accompagnement aux tours de « magie noire ». Il est temps de laisser l'accessoire pour aborder les expériences de double vue.

La place nous étant limitée dans ce volume, nous avons dû réserver pour notre troisième recueil de tours de physique amusante, diverses récréations qui feront bonne figure sur le programme d'une séance de *Magie noire*. Dans Sorcellerie en chambre on trouvera, outre diverses expériences nouvelles de *double vue* les numéros suivants : *Les Esprits frappeurs, La main du Mort, Les tables tournantes*, etc., titres bien effrayants de tours de prestidigitation aussi innocents qu'étonnants et amusants.

Quant aux expériences qui vont suivre, inutile de dire qu'il n'est pas indispensable de les envelopper de *noirceur* ; présentées simplement dans un salon, sans aucune mise en scène à grand effet, elles n'en auront pas moins chacune leur petit succès.

XLVIII

DESTRUCTION DU LIBRE ARBITRE

Tout à l'heure j'assistais à une confé-
rence philosophique On y parlait
du libre arbitre. Savez-vous ce que
c'est, messieurs, que le libre arbitre ?
C'est la puissance que nous avons
d'agir par réflexion, par choix et non
par contrainte ou par nécessité. Lors-
que les philosophes, mesdames, nomment cette faculté
liberté d'indifférence...

« — Dites donc, monsieur le magicien, si vous continuez sur ce ton-là, je n'en suis plus : ce n'est pas de la
philosophie que nous faisons ici, mais de la magie blanche,
je pense ?

« — Défense d'interrompre ! cela fait partie du boniment; je continue et je dis, mesdemoiselles, que certains

fatalistes ne voulaient pas avouer que l'homme est libre, et que... Ah! mais je crois qu'on fait du tapage là-bas? Je laisse donc mon boniment, et je dis, mes petits amis, qu'en présence d'un sorcier comme moi, la liberté individuelle n'existe plus ; je dis que je puis vous obliger, à votre insu, à faire ce que je pense, à vouloir ce que je désire. »

Il est temps, lecteurs, pour la clarté du texte et pour éviter de paraître en contradiction avec notre gravure, de déclarer qu'aujourd'hui, le magicien c'est la grande demoiselle qui est à gauche de la vignette (figure 62); le public, ce sont les deux petites filles de droite.

Or, la magicienne ayant étalé sur la petite table un jeu de cartes, face en dessous, a parlé quatre fois et elle a dit :

« — Marie, touchez du bout de votre doigt, une carte ; je veux que cette carte soit le *roi de cœur*; » et aussitôt elle a mis à l'écart, sans la retourner, la carte touchée par Marie.

« — Jeanne, touchez le *huit de carreau.* » Et la carte touchée par Jeanne est allée rejoindre le roi de cœur.

« — Marie, mettez le doigt sur l'*as de trèfle*.... Jeanne, montrez-moi le valet de pique. »

Les quatre cartes, successivement mises à l'écart, et qui avaient été touchées par les deux petites filles, sont retournées; on peut les voir, ce sont bien : le *roi de cœur, le huit de carreau,* l'*as de trèfle* et le *valet de pique.* Les

deux enfants n'étaient donc point libres dans leur choix,
c'est une force mystérieuse qui a conduit leurs petits doigts?

Rappelez-vous le joli tour qui consiste à lire des lettres

Fig. 62. — Le choix forcé.

cachetées et qui fait partie de notre première série de tours
de physique amusante : *Magie blanche en famille*
(chapitre LVII). Notre tour de cartes repose sur le même

principe, et vous l'exécuterez tout aussi facilement.

En étalant le jeu sur la table, regardez secrètement une carte quelconque, que vous placerez bien en vue, à peu près au milieu, en évitant qu'elle soit trop recouverte par d'autres cartes. Grâce à cette seule disposition, il y aura bien des chances pour que votre carte, présentant à la vue plus de surface que les autres, *tire l'œil* du spectateur interpellé, et soit touchée par lui. Dans ce cas, retournez immédiatement la carte et montrez que l'on vous a obéi, ce qui prouve, n'est-ce pas? « que vous vous êtes emparé du *libre arbitre* » de la personne qui a cru choisir à son gré.

« — Mais, direz-vous, si l'on touche une autre carte que celle que vous avez en vue? »

Dans ce cas, prenez la carte désignée et, sans la laisser voir, posez-la à l'écart après y avoir jeté un rapide coup d'œil.

Supposons que ce soit le *dix de trèfle*. Invitez un deuxième spectateur à toucher, dans le jeu étalé sur la table, le *dix de trèfle*; on touchera une carte quelconque que vous placerez à l'écart, sur la précédente, après l'avoir regardée.

Cette deuxième carte est, par exemple, le *sept de carreau*; priez un troisième spectateur de toucher le *sept de carreau*, et continuez ainsi jusqu'à ce que le hasard conduise une personne de l'assistance à toucher la première carte que vous avez nommée et dont vous aviez fait un *tire-l'œil*, soit, dans l'exemple que nous donnons ici, le *roi de cœur*. Cela ne tardera guère, vu la situation de la carte en question sur la table.

Cette carte est alors placée *sous* les précédentes ; on retourne à la fois toutes les cartes touchées et les spectateurs, restés jusqu'à ce moment dans l'attente de ce qui va se passer, constatent avec étonnement que les cartes qu'on leur montre sont précisément celles qu'on leur avait dit de toucher, en les leur désignant successivement.

XLIX

LE FLUIDE VITAL

i d'un chapeau renfermant de vingt à trente pièces de monnaie semblables, simples sous ou pièces de cinq francs, on vous invitait à retirer sans hésitation, et sans même jeter un coup d'œil dans le chapeau, l'une des pièces, choisie et marquée d'un signe imperceptible, vous seriez sans doute embarrassé. Et cependant, possesseur du secret que je vais vous dire à l'oreille, vous pourrez, après un discours bien senti sur le fluide mystérieux qui émane de chacun de nous, et dont peuvent s'imprégner, par simple contact, même les objets matériels, affirmer à votre

entourage que vos doigts, d'une sensibilité extrême sur ce
point, sont capables de percevoir partout la présence du

Fig. 63. — Le sou reconnu.

fluide en question. A l'appui de votre dire, plongeant votre
main dans le chapeau, vous en retirerez la pièce de monnaie choisie et marquée, que rien ne semblait pouvoir dis-

tinguer de toutes les autres et signaler particulièrement à votre attention.

C'est bien là peut-être le plus facile à répéter de tous les tours de magie.

La pièce de monnaie, passant de main en main dans l'assistance *pour s'imprégner de fluide*, ou tout simplement pour que chacun puisse voir le signe dont elle est marquée, s'est mise rapidement à la même température que les mains des spectateurs, soit environ 37 degrés, car tout le monde sait que les métaux sont de bons conducteurs de la chaleur; les autres pièces de monnaie restées dans le chapeau sont à une température plus basse de 20 degrés peut-être, de sorte que, si l'on ne perd pas trop de temps, et bien que cette pièce se refroidisse assez rapidement au contact des autres, elle reste encore sensiblement plus chaude que celles-ci pendant plusieurs instants, ce qui permet de la reconnaître au toucher sans hésitation.

Le moyen est trop simple pour être deviné.

L

LE GRIMOIRE

ARMI tous les livres de sorcellerie et autres recueils de formules magiques qui ont été publiés autrefois, les *Grimoires* ont tenu le premier rang : ils sont devenus bien rares aujourd'hui, car pendant plusieurs siècles on a brûlé impitoyablement tous ceux sur lesquels il était possible de mettre la main.

« Messieurs et mesdames, le *Grimoire* que je tiens entre mes mains, n'est pas le *Grimoire* dit *du pape Honorius*, dont les plus rares secrets ne sont qu'enfantillages pour moi ; ce n'est pas non plus le *Grand Grimoire* avec la *Grande Clavicule de Salomon*, dont la *Magie noire* et les *Forces infernales du Grand Agrippa pour se faire obéir de tous les esprits et pour découvrir les trésors cachés*, avec son *Appendice sur tous les arts magiques*, sont rédigés dans un style incompréhensible pour le commun des mortels. Mon *Grimoire*, c'est le *Grimorium verum*, traduit en latin de l'hébreu, volume in-16, de 1517, édité à Memphis, chez Abileck l'Egyptien.

« Sachez bien du reste — et le sous-titre latin l'explique — que c'est par la puissance des démons que s'opèrent tous les prodiges dont le *Grimoire* contient la recette, et tout le monde sait que c'est en lisant le *Grimoire* qu'on fait venir le diable. Mais, si vous désirez que nous tentions l'aventure, ayez bien soin de vous munir tous, soit d'une savate, soit d'un chiffon, soit d'une souris, pour les lancer à la tête du diable aussitôt qu'il apparaîtra, autrement vous risqueriez d'avoir le cou tordu.

« Consultons le Grimoire :

« *Pour faire dormir tout le monde dans la maison...* Mais non ! Je veux que vous restiez éveillés pour m'entendre.

« *Toile qui résiste à l'épée...* Point n'est besoin ici, je pense, de vous cuirasser.

« *Secret pour vieillir vite...* Ah ! mais non, c'est le contraire qu'il faudrait.

« *Conjuration des démons... Alerte, venez tous, esprits, par la vertu et le pouvoir des sept couronnes et chaînes de vos rois...* C'est trop long : voyons plus loin : *Pour le lundi, à*

Lucifer... pour le mardi, à Nambroth... pour le mercredi, à Astaroth... c'est vendredi aujourd'hui : *pour le vendredi, à Béchet... la nuit, de onze heures à minuit...* il n'est que huit heures, je ne réussirais pas.

« *Pour faire apparaître un oiseau...* Ah ! voici qui est moins effrayant ! *Lever sept fois le Grimoire en l'air et l'abaisser jusqu'à terre, puis l'ouvrir à la page* 235. Voyons un peu. »

Le magicien fait l'opération indiquée et ouvre le Grimoire à la page 235 : il s'en échappe un bel oiseau qui voltige dans la salle.

Trêve de plaisanteries ! laissons de côté le *Grimoire* qu'. n'a d'autre utilité que de faire bonne figure dans un boniment, et passons à l'exécution de notre tour de magie ; mais nous ne nous dissimulons pas que les lignes qui précèdent ont dû faire tressaillir d'aise un de nos bons lecteurs qui, jadis, nous écrivait, le plus sérieusement du monde, pour nous prier de lui enseigner le moyen d'évoquer le diable, de jeter des sorts, de faire *dessécher le sang* (*sic*) de son ennemi, etc., etc.

Procurez-vous un vieux bouquin quelconque, relié en parchemin si possible, et très épais ; peu importe ce qu'il contiendra ; l'important, c'est qu'il ait un aspect suffisamment vieux et vénérable. Nous allons truquer ce bouquin.

Ne vous effrayez point, lecteur, à la vue de notre vignette (figure 64), de l'apparente complication du système ; opérez en suivant nos explications, et facilement, moyennant un petit travail récréatif, vous serez en possession d'un charmant instrument de magie simulée.

Placez devant vous, sur une table, le vieux livre que vous aurez décidé de sacrifier; tournez-en les cent vingt premiers feuillets (n⁰ˢ 1 et 2, figure 64) que vous laisserez libres, puis, sur la page de gauche qui se trouvera alors devant vous, étendez de la colle de pâte et appliquez-y le feuillet suivant; renouvelez cette opération sept ou huit fois, de manière que sept ou huit feuillets ainsi réunis ensemble forment une sorte de carton.

Maintenant, étendez de la colle, seulement au bord de ce carton, sur une largeur de un centimètre environ; appliquez par-dessus le feuillet suivant.

Continuez de la même manière avec d'autres feuillets jusqu'à ce que vous en ayez collé ensemble, par leurs bords, trois ou quatre cents environ, selon l'épaisseur du papier (n⁰ˢ 1 et 2, figure 64).

Quand la colle sera bien sèche, armez-vous d'un canif et d'une règle, et, attaquant les feuillets collés ensemble par leurs bords, enlevez-en le milieu, en forme de rectangle, de manière à obtenir une boîte C (n⁰ˢ 1 et 2).

Réunissez ensemble, en les enduisant de colle sur toute leur surface, cinq ou six des feuillets qui viennent ensuite, afin de former un deuxième carton qui servira de couvercle A (n⁰ˢ 1 et 2) pour la boîte C.

Laissez libres les pages qui restent.

Si vous avez opéré comme nous venons de dire, le volume placé devant vous présentera ·

1° une série de feuillets libres (n° 1) ;

Fig. 64. — Le grimoire truqué.

2° une boîte C dont trois côtés sont formés par la tranche de quelques centaines de feuillets c collés ensemble par leurs bords ;

3° un couvercle A ayant la consistance d'un carton bristol ;

18

4° une seconde série de feuillets libres qui terminent le volume.

Qu'on tienne ce livre fermé ou qu'on l'ouvre aux feuillets libres, il a l'aspect d'un livre ordinaire et rien ne laisse supposer qu'il est truqué.

Mais ce n'est pas tout.

Coupez un morceau de bois cylindrique (bout de canne, manche d'outil ou d'ustensile quelconque) auquel vous donnerez une longueur un peu supérieure à la largeur de la boîte creusée dans votre livre; car, au côté inférieur droit de la page gauche, c'est-à-dire du côté où se trouve le dos du livre, en *i* (n° 4), vous aurez entaillé dans la marge *m* la paroi de la boîte pour y loger l'extrémité du cylindre B, (n°ˢ 2 et 3) creusée circulairement en gouttière comme une bobine de fil (*g* n° 4). Deux pointes fines enfoncées par côté, d'une part dans la tranche, de l'autre dans le dos du livre, formeront un axe sur lequel pourra tourner ce cylindre.

Sur l'extrémité *g* du cylindre (n° 4), enroulez un morceau de ficelle mince et forte, dont un bout aura d'abord été fixé au fond de la gouttière par une petite pointe, et attachez l'autre bout de la ficelle au couvercle A (n° 2).

Taillez une bande de toile un peu moins large et trois fois aussi longue que la boîte C; fixez-en les deux extrémités : l'une tout le long du cylindre par de petites pointes, et collez l'autre sur le bord opposé de la boîte en *o* (n° 2).

Il aura fallu calculer les longueurs relatives de la bande de
toile et de la ficelle, de telle sorte que, quand on enfonce
la bande D dans la boîte pour en tapisser l'intérieur, la
ficelle se trouve entièrement enroulée sur le cylindre, entraînant le couvercle A qui ferme alors à peu près la boîte ;
et que, si, au contraire, on ouvre le livre en saisissant
en même temps que les feuillets libres, le couvercle A,
ce soit la bande de toile D qui s'enroule sur le cylindre, et,
par là, se trouve tendue. Or, cette tension de la toile D a
pour but d'expulser, quand on ouvre le livre de la manière
que nous venons d'indiquer, le petit oiseau que l'on a
préalablement renfermé dans la boîte C.

Nous avons oublié de dire que, pour cacher le mécanisme
de la toile et du cylindre, on a collé sur le bord de l'un des
petits côtés de la boîte, une extrémité d'un feuillet E du
livre, taillé de manière à recouvrir le tout, en sorte que
quand le magicien ouvrira le livre (n° 3), on ne puisse
voir que deux surfaces planes, couvertes de texte imprimé,
comme si on ouvrait, n'importe en quel endroit, un livre
quelconque.

La petite partie découverte de la ficelle F (n°⁵ 1 et 2),
qui est de la teinte des pages du livre, et les lignes poin-
tillées qui indiquent en notre figure 3 la solution de
continuité du feuillet E superposé, sont invisibles à deux
ou trois mètres de distance.

Le livre étant bien conditionné et construit suivant les

indications précédentes, le prestige se résume en ceci :

1° Faire un boniment qui encadre bien l'expérience et dispose convenablement les esprits des spectateurs ;

2° Enfoncer de la main gauche, dans la boîte, la toile recouverte du feuillet E ; placer dessus l'oiseau et refermer le couvercle A ;

3° Ouvrir le livre en A, au moment où doit avoir lieu l'apparition de l'oiseau.

Pendant le boniment, on a soin de laisser la boîte légèrement entr'ouverte, afin que l'oiseau ait de l'air dans sa prison.

A défaut d'oiseau, on peut remplir de fleurs ou de bonbons la boîte du *grimoire*, ou bien encore y cacher un de ces diables à ressort, bien connus, que vendent les marchands de jouets.

Le *grimoire* nous rappelle la tragique aventure d'un personnage dont le berger se vantait d'évoquer le diable et qui, voulant essayer lui-même la chose, se fit prêter le livre maudit.

Au moment où, tout tremblant, placé au milieu d'un cercle magique, il commençait ses conjurations, une porte s'ouvre avec fracas, et le diable, hideux avec ses cornes, tout noir et poilu, se précipite dans la chambre.

Notre homme tombe à demi-mort de peur et perd connaissance.

Quand, après une heure, il revient à lui, il inspecte son

appartement et n'y constate rien d'anormal, si ce n'est, à terre, les débris d'un grand miroir et une assez mauvaise odeur répandue' dans l'air.

Quelques instants après, arrive le berger qui raconte à son maître qu'il a eu bien du mal à retrouver son bouc qui s'était échappé et qu'il a fini cependant par rencontrer dars une chambre voisine.

L'animal avait sans doute brisé à coups de cornes le miroir dans lequel il s'était acharné, peut-être, à voir un de ses semblables.

Amis lecteurs, voulez-vous vous amuser? faites de la magie blanche; voulez-vous devenir fous? essayez du *Grimoire* et de la *vraie* magie noire (1).

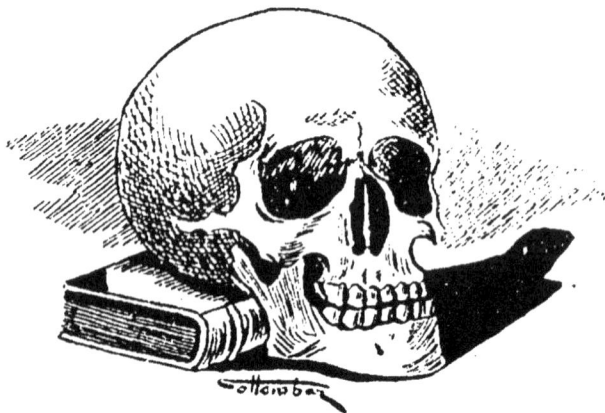

1. Presque tous les livres qui enseignent la manière d'évoquer le diable et qui renferment des secrets merveilleux ont été attribués à de grands et même à de saints personnages ! Adam. Abel, Salomon, Daniel, Alexandre, Hippocrate, Galien, Platon, Hermès, Albert, le Grand, Léon III, saint Jérôme, saint Thomas, passent, chez les niais, pour avoir écrit des livres de magie.

LI

OBÉISSANCE AVEUGLE

O<small>N</small> sait que de tous temps les physiciens, grands et petits, jeunes ou vieux, ont su se faire entendre même des êtres inanimés, et les rendre dociles à leur voix. Je vais vous en donner une nouvelle preuve, et je me servirai pour cela des différents objets qui me seront remis par mes spectateurs, afin qu'on soit assuré que rien n'a été préparé...

« Vous me donnez votre porte-monnaie, monsieur? Je le jette sur cette table: Venez, venez, gentil porte-monnaie avancez, ne craignez pas... Voyez-vous comme je suis obéi ?... Je vous rends votre argent, monsieur, en vous promettant bien de ne pas lui donner secrètement l'ordre de quitter votre poche pour se transporter dans la mienne : ce qui, pourtant, me serait chose assez facile, avouez-le. »

La récréation continue, et l'expérience est renouvelée avec les objets les plus divers : une clef, un canif, un domino, un verre, une montre, une pièce de monnaie. En vain les spectateurs tiennent leurs yeux fixés sur les mains du prestidigitateur, afin d'en saisir les moindres mouvements : il leur faut bien avouer que le sorcier ne fait pas autre chose que prendre l'objet, le jeter sur la table et lui commander de la voix et du geste.

Ce que notre homme ne vous a pas dit et ce que vous n'avez pas remarqué, c'est qu'il tient dans sa main droite l'extrémité, garnie d'une boulette de cire, d'un fil de soie noire, long de quatre-vingts centimètres dont l'autre bout est attaché à sa ceinture; il a reçu de la main gauche la plupart des objets; en les faisant passer ensuite dans sa main droite pour les déposer sur la table, geste qui semble tout naturel, il y applique, en dessous, la boulette de cire ; il a même poussé l'audace jusqu'à vous tendre parfois sa main droite, dans laquelle cependant, entre le médius et l'index, se cachait l'instrument de son prestige.

Adieu la poésie des illusions, quand on se plaît à voir

dévoiler les secrets de la magie blanche ! Ce n'est donc pas
au geste ou à la voix qu'obéissaient tous ces objets que

Fig. 65. — Le porte-monnaie obéissant.

nous avons vus tout à l'heure si dociles, mais très prosaïquement, au fil qui les tirait.

Quand le magicien s'incline en avant, comme pour aller
à la rencontre de l'objet qui s'avance, sa poitrine, dans ce
mouvement, s'éloigne de la table et tire le fil; la simulta-

néité de ces deux mouvements contraires contribue à augmenter l'illusion.

Inutile, n'est-ce pas, de recommander à nos lecteurs de ne jamais exécuter de suite dans une séance deux ou plusieurs des nombreux tours de prestidigitation qui nécessitent l'emploi des *fils invisibles*, sous peine de voir ceux-ci devenir bientôt de grossières ficelles sautant aux yeux de tout le monde.

LII

LA CRISTALLOMANCIE

ORSQUE François I⁰ᵉ faisait la guerre à Charles-Quint, on conte qu'un magicien apprenait aux Parisiens ce qui se passait à Milan, en écrivant les nouvelles de cette ville sur un miroir qu'il exposait à la lune ; de sorte qu'à Paris, on pouvait lire dans cet astre ce que portait le miroir. C'était mieux que le téléphone.

L'histoire nous apprend aussi que le roi Childéric cherchait l'avenir dans un petit globe de cristal.

Comme « le nombre des imbéciles est infini », dit l'Écriture, il n'a pas manqué de gens — il en est peut-être encore aujourd'hui — qui se sont servis de miroirs ou de vases de cristal pour en tirer des présages. Le démon y faisait, dit-on, sa demeure.

Ce genre de divination s'appelait Cristallomancie.

Les deux anecdotes suivantes donneront un aperçu de l'usage qui a été fait parfois de la cristallomancie.

« Un pauvre laboureur, à qui on avait volé six cents francs, alla consulter un devin.

« Le devin se fit donner douze francs, lui mit trois mouchoirs pliés sur les yeux, un blanc, un noir et un bleu, lui dit de regarder alors dans un grand miroir où il faisait venir le diable et tous ceux qu'il voulait évoquer.

« — Que voyez-vous ? lui demanda-t-il.

« — Rien, répondit le paysan.

« Là-dessus le sorcier parla fort et longtemps : il recommanda au bonhomme de songer à celui qu'il soupçonnait capable de l'avoir volé, de se représenter les choses et les personnes. Le paysan se monta la tête, et, à travers les trois mouchoirs qui lui serraient les yeux, il crut voir passer dans le miroir un homme qui avait un sarrau bleu, un chapeau à grands bords et des sabots. Un moment après il crut le reconnaître, et il s'écria qu'il voyait son voleur.

« — Eh bien ! dit le devin, vous prendrez un cœur de bœuf et soixante clous à lattes, que vous planterez en croix dans ledit cœur ; vous le ferez bouillir ensuite dans un pot neuf, avec un crapaud et une feuille d'oseille : trois jours après, le voleur, s'il n'est pas mort, viendra vous apporter votre argent, ou bien il sera ensorcelé.

« Le paysan fit tout ce qui lui était recommandé. Mais

son argent ne revint pas ; d'où il conclut que son voleur pouvait bien être ensorcelé... »

Fig. 66. — Apparition dans un miroir.

Cette histoire se passait en 1807 ; la suivante, plus ancienne, date de 1530.

« Certain pasteur de Nuremberg consultait, au moyen d'un miroir, le démon qui lui indiqua des trésors cachés dans une caverne près de la ville et enfermés dans des vases de cristal.

« Fou de joie et se voyant déjà possesseur d'une immense fortune, notre homme se précipite hors de sa demeure, court chez un ami qu'il entraîne à sa suite, désireux, en cette étrange aventure, de n'être pas seul.

« Et les voilà tous deux, courant en hâte au lieu désigné. Ils furent bientôt arrivés à la grotte vaste et profonde, où ils se mirent, avec acharnement, à chercher et à fouiller dans tous les coins. Bientôt ils découvrirent une espèce de coffre, auprès duquel était couché un énorme chien noir. Le pasteur s'avança avec empressement pour se saisir du trésor; mais à peine eut-il fait trois pas que le sol s'enfonça sous ses pieds et l'engloutit. »

Si vous le voulez bien, lecteurs, nous allons faire de la cristallomancie un peu moins diabolique et même tout à fait innocente, car il ne s'agira, vous le supposez bien, que d'un modeste tour d'escamotage.

« Voici un miroir formé d'une plaque de verre, doublée d'un carton et encadrée; je vous affirme que la tête du diable s'y trouve, au moins en image, quoique invisible, et je vais immédiatement la faire paraître à vos yeux.

« Tremblez!... et regardez bien. »

En effet, le miroir magique étant posé, légèrement incliné, sur une table, une tache grise se dessine au milieu, s'étend, devient noire; des contours s'accentuent : c'est la tête du diable que l'on voit apparaître : cornes et langue rouges, yeux flamboyants, visage tout noir... Hideux spectacle !

Procurez-vous une feuille de tôle et deux verres rectangulaires d'égales dimensions ; mettez sur une table et à plat :

1° la feuille de tôle ;

2° une feuille de papier blanc sur laquelle vous aurez représenté une tête de diable, peinte ou découpée dans des papiers rouge et noir ;

3° un premier verre ;

4° un cadre en carton très épais et large de deux centimètres, dont les dimensions extérieures seront les mêmes que celles des verres ; dans ce cadre coulez un mélange, en parties égales, de cire blanche et d'essence de térébenthine, préparé au bain-marie ;

5° placez la seconde plaque de verre, et formez un encadrement en réunissant le tout au moyen de bandes de toile chagrinée, collées à cheval sur les bords réunis ; deux crochets en fil de fer, adaptés au milieu, sur la tranche, de chaque côté, serviront à maintenir le miroir dans la position inclinée qu'il a sur notre vignette.

Au moment où doit s'accomplir le prodige, une lampe à alcool allumée et cachée sur la *servante*, derrière la table, est glissée rapidement sous le tableau par le prestidigitateur qui paraît simplement prendre sa baguette magique, déposée d'avance dans ce but sur le bord postérieur de la table : la chaleur fait fondre la cire qui devient transparente, et laisse voir bientôt la tête de diable, placée entre le second verre et la plaque de tôle.

La flamme de la lampe doit être très faible et aussi basse que possible, afin que la feuille de métal se chauffe lentement et ne transmette que peu à peu la chaleur au verre et à la couche de cire.

LIII

PENSÉE PRÉVUE

our être sincère, je dois vous dire tout d'abord que l'expérience que je vais vous présenter ne réussit pas toujours... telle du moins qu'on peut se proposer d'abord de la faire ; mais comme, suivant une règle fort sage, le prestidigitateur se garde bien d'annoncer d'avance l'effet qu'il veut produire, le tour, en cas d'échec dans la première partie, se termine d'une autre manière.

N'aurait-il pas de pauvres aptitudes pour son art, le magicien capable de manquer d'un subterfuge au moyen duquel il puisse se tirer à l'occasion de quelque mauvais pas, et n'est-ce pas chose élémentaire, pour celui qui se targue de dévoiler l'avenir, que de prévoir au moins les diverses circonstances dans lesquelles il pourra lui-même se trouver à l'occasion de ses prestiges, afin de faire entrer en ligne de compte, pour préparer une solution convenable, tous les hasards malheureux, toutes les précautions méfiantes, toutes les petites malices calculées, qui peut-être viendront déjouer ses plans?

Dans la petite expérience que nous présentons, tout particulièrement, le succès se trouve basé soit sur un hasard favorable, assez probable du reste, soit sur la manière dont on saura, le cas échéant, vaincre la mauvaise fortune ; mais, d'après des essais plusieurs fois réitérés, nous pouvons dire que sept ou huit fois sur dix, on triomphera du premier coup, et si, deux ou trois fois sur dix, le tour se termine d'une autre manière, il n'en sera pas plus mal pour cela.

Voyons les deux cas.

Au commencement de la séance, et à propos d'une autre expérience qui devra témoigner de son talent de lire dans l'avenir, le magicien dit tout bas, rapidement, à l'oreille de trois ou quatre spectateurs, de se rappeler le chiffre 7, en ajoutant qu'on comprendra bientôt son dessein.

Plus tard, une personne est invitée à venir s'asseoir sur un fauteuil, non loin de la table du prestidigitateur, sur laquelle le *servant* apporte, bien ostensiblement, une grande enveloppe cachetée, qu'il place en évidence sur un verre ou sur une carafe.

Après des préambules, des pantomimes et un boniment faciles à imaginer, le magicien annonce qu'il va lire les pensées de la personne qui a bien voulu se prêter à l'expérience.

« -— Pensez un chiffre entre un et dix.

« — C'est fait.

« — Quel est ce chiffre?

« — Sept.

« — Décachetez cette enveloppe et lisez. »

Si nous en croyons notre dessinateur (figure 67), l'émotion ressentie par la bonne dame dont on vient de pénétrer la pensée est si forte, à la lecture du papier retiré par elle de la mystérieuse enveloppe, qu'elle tombe en pâmoison.

Comment donc le prestidigitateur a-t-il pu écrire d'avance : *On pensera le chiffre* 7. et quel moyen de mettre en doute sa prescience lorsque plusieurs personnes de l'assistance, par lui interpellées, viennent affirmer que le sorcier leur avait annoncé, dès le commencement de la séance, que *sept serait le chiffre pensé*; car les bonnes âmes ne remarquent même pas qu'on n'avait pas été tout à fait aussi précis et affirmatif et qu'on les avait simplement invitées *à se rappeler* le chiffre 7.

Vous dire maintenant pourquoi, huit fois sur dix, en

moyenne, le chiffre 7 est choisi serait difficile ; est-ce parce qu'il ne se trouve ni au commencement ni au milieu, ni à la fin de la série ? Est-ce parce que, nombre des jours de la semaine, des notes de la gamme, des couleurs du prisme, des péchés capitaux, des vertus, des Sacrements, des dons du Saint-Esprit, des sages de la Grèce, il a souvent frappé notre esprit ?. Faites vous-même l'expérience en posant brusquement la question à cent personnes différentes qui, bien entendu, n'aient aucune connaissance de ce tour et du but que vous vous proposez : ce n'est pas dix fois, c'est quatre-vingts fois environ, sur cent, que, des lèvres de votre sujet, tombera le magique chiffre 7.

Mais, nous l'avons dit, il faut prévoir un échec.

Si l'on vous répond qu'on a pensé *un* ou *dix*, dites que vous avez prié qu'on choisît un chiffre *entre ces deux nombres*, ceux-ci étant exclus ; ce subterfuge — abominablement fripon partout ailleurs qu'en magie blanche, où les scélératesses de ce genre sont admises au cours d'un boniment — vous donnera une chance de plus pour qu'on tombe sur votre chiffre 7.

Mais comment vous en tirerez-vous si l'on choisit 5 ou 9 — qui viennent aussi plus souvent qu'à leur tour — ou même un autre chiffre ?

Comme vous n'avez pas annoncé d'avance à quoi devait servir l'enveloppe, vous n'êtes tenu, pour le moment, qu'à une chose : présenter d'une manière merveilleuse quelconque, à l'assistance, le chiffre qui a été pensé et qu'on vient de vous faire connaître.

Les moyens sont nombreux pour cela.

Fig. 67. -- Dame dont on a deviné les pensées.

On peut faire tirer une carte qui portera autant de points que le chiffre pensé a d'unités ; les *artistes* emploieront pour cela la *carte forcée* ; les novices offriront, pour y prendre cette carte, un jeu composé de cartes portant toutes le même nombre de points, quoique assorties de couleurs. Dans un kilogramme de cartes manquées, achetées au poids chez un fabricant, on trouvera amplement de quoi composer les sept jeux nécessaires pour parer à toute éventualité ; ces sept jeux qui ne renferment donc chacun que des *deux*, ou des *trois*, des *quatre*, des *cinq*, des *six*, des *huit*, des *neuf*, sont préparés à l'écart, sur une table, et dissimulés derrière d'autres objets, face en dessus, de manière à ce qu'on puisse mettre immédiatement la main sur celui qui convient. « Comment ferait-on pour choisir, dans un semblable jeu, une carte différente de celle qu'impose le magicien ? » dirait M. Calino.

Un moyen fort joli, d'amener le chiffre pensé, consiste à jouer une partie de dominos avec la personne qui a prêté son concours; grâce à l'expédient aussi simple qu'ingénieux signalé au chapitre XXXVI de : *Magie blanche en famille*, la somme des points qui, la partie terminée, se trouveront placés aux extrémités du jeu, égalera le chiffre pensé.

Signalons encore l'expédient suivant :

Ayez sept petits sacs formés chacun de trois rectangles d'étoffe semblables, cousus ensemble par trois de leurs côtés, ce qui formera des sacs à deux compartiments; dans le premier de ces compartiments, mettez une série de numéros de jeu de loto, de 1 à 10; dans le second compartiment, mettez dix fois le même numéro : soit 2, 3, 4, 5, 6, 8, ou 9.

Les sept petits sacs étant disposés à l'écart de manière à ce que vous puissiez les reconnaître à première vue, — ils seraient par exemple de couleurs différentes, — vous irez prendre celui qui renferme dix fois le chiffre autre que 7, que l'on vous a dit avoir pensé ; ayant retiré successivement du premier des compartiments, plusieurs numéros que vous avez soin de montrer pour faire constater qu'ils sont tous différents, présentez le petit sac à la personne qui a pensé le chiffre, en ouvrant devant elle le compartiment qui renferme les numéros semblables : cela vous permettra de conclure : « Je vous ai forcée, madame, à retirer de ce sac celui des numéros qui porte le chiffre que vous avez pensé. »

Mais voici le plus joli de l'histoire.

Sept enveloppes, toutes semblables à celle que tout le monde a vue sur le verre, mais dans chacune desquelles un chiffre différent est désigné : 2, 3, 4, 5, 6, 8 ou 9, ont été préparées par vous d'avance, et dissimulées sur votre guéridon, derrière des accessoires quelconques. Tandis que vous tournez le dos aux spectateurs pour porter le guéridon à l'écart, comme si le tour était terminé, substituez à la première enveloppe placée sur le verre, celle des sept autres qui contient le chiffre pensé et disposez-vous, bien ostensiblement, à passer à une autre expérience. Il ne manquera pas de se trouver là quelqu'un pour vous demander ce que signifiait l'enveloppe cachetée placée sur le verre. — « Étourdi que je suis !. dites-vous ; j'y avais écrit ce matin le chiffre que l'on penserait, et j'allais oublier cette particularité, la plus jolie de mon expérience ! » Interpellé ou non, vous livrez l'enveloppe aux spectateurs en vous excusant de votre oubli et tout finit par un triomphe de plus à votre avoir, l'opinion de chacun devant être que vous aviez prévu le chiffre qui serait pensé, puisque vous l'avez écrit d'avance sur un papier renfermé dans une enveloppe cachetée ; sans parler de la manière dont vous avez su diriger la main qui, dans le petit sac, s'est portée précisément sur le pion où était inscrit ce même chiffre pensé.

LIV

LA CLOCHETTE MAGIQUE

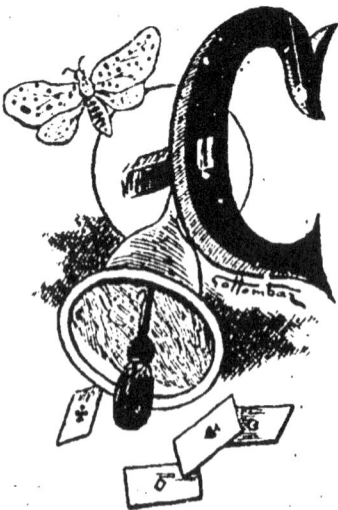

ETTE clochette oblige ceux qui la tiennent à l'agiter, à un moment donné, qu'ils le veuillent ou non. »
En voici un exemple.

Trois cartes ont été choisies par trois spectateurs, puis remises dans le jeu, qui a été mêlé avec soin. Le prestidigitateur, se plaçant en face de l'assistance, et ayant à sa droite une petite table, tient le jeu dans sa main gauche ; puis, prenant une à une les cartes dont il ne laisse voir que le dos, il les fait passer lentement devant lui et les dépose successivement sur la table. (Voyez la figure 68, page 299).

Une des trois personnes qui ont tiré des cartes est invitée à agiter la clochette au passage de l'une des dix premières cartes à son choix : cette carte se trouvera être précisément celle qu'elle avait choisie.

En effet, au moment où la clochette donne le signal, le prestidigitateur s'arrête, demande le nom de la carte, et, retournant celle qu'il allait déposer sur la table, il la fait voir. Le spectateur doit donc supposer que sa volonté a subi une influence magique et qu'il a été forcé de donner le coup de clochette au passage de sa carte.

Les choses se passent de la même manière pour les deux autres personnes, et cela malgré la ruse de ceux qui, pour tendre un piège au sorcier, agitent la cloche dès la première carte, ou bien, au contraire, attendent la dixième.

Quand on est au courant des artifices de la prestidigitation, on peut employer pour cette récréation des moyens qui ne sont pas à la portée de tout le monde : le saut de coupe, la carte forcée et les faux mélanges y jouent un grand rôle. Les trois cartes prises par les spectateurs sont des cartes forcées, tirées d'un jeu ordinaire auquel, par les procédés connus, on substitue, au moment voulu, un jeu spécialement préparé pour ce tour, jeu qui est composé de trois séries de dix cartes semblables.

Les personnes qui ne savent pas faire prendre la carte forcée, ni faire sauter la coupe, opèreront comme nous allons dire.

Supposons le jeu spécial composée de dix rois de cœur, dix as de pique et dix sept de carreau.

Présentez le jeu au premier spectateur, en étalant et en

Fig. 68. — Carte signalée au passage.

faissant glisser l'une sur l'autre devant lui les dix cartes qui sont au-dessus, c'est-à-dire les rois de cœur; en même temps, tenez les autres cartes serrées ensemble. La carte choisie dans cette première série par la personne à qui vous

avez présenté le jeu, est examinée attentivement et montrée aux voisins tout au moins ; pendant ce temps comp-
tez à votre aise, sans laisser deviner votre but, les neuf
premières cartes, rois de cœur, et mettez-les sous le jeu.
Cela peut se faire ouvertement sans attirer l'attention si on
a l'air d'agir machinalement. On peut encore simuler neuf
fois de suite le mouvement de battre les cartes par le procédé bien connu en usage, en ne retenant chaque fois, avec
le pouce de la main gauche, qu'une seule des cartes qui
sont dessus.

Vous rapprochant ensuite de la personne pour l'inviter à
remettre sa carte avec les autres, saisissez le jeu par la tranche, entre le pouce et le médius de la main droite, tenez-le
horizontalement, et laissez tomber une à une, à plat, lentement, dans votre main gauche, les cartes qui sont maintenant au-dessous, les rois de cœur. Si à ce moment vous
parlez un peu plus vite, en faisant le geste de vous éloigner,
comme un homme qui est pressé, la carte sera remise dans le
jeu avant que ces neuf cartes aient eu le temps de tomber ;
les dix rois de cœur seront donc ainsi de nouveau réunis
ensemble sous le jeu.

Quand vous aurez renouvelé la même opération auprès
d'un deuxième et d'un troisième spectateur, vos cartes se
trouveront placées dans le même ordre qu'en commençant :
au-dessus seront revenus les dix *rois de cœur*, puis les dix
as de pique, et enfin les dix *sept de carreau*.

Il s'agit maintenant de faire mêler les cartes.

Avant de donner les indications qui vont suivre, nous tenons à rappeler qu'il est entendu que nous nous adressons ici aux personnes qui ne savent faire ni les faux mélanges, ni le saut de coupe, moyens qui sont de beaucoup préférables, pour les *artistes*, à la manière de faire que nous allons tracer.

Donc en vous retournant, au moment où le troisième spectateur vient de remettre sa carte dans le jeu, saisissez, de la main gauche, sur votre poitrine, sous l'habit ou dans une de vos poches, un second jeu ordinaire dont les tarots soient semblables à ceux du jeu préparé ; réunissez vos deux mains pour placer ce jeu sur l'autre, dont vous le séparerez avec le petit doigt de la main gauche ; remettez à un nouveau spectateur le jeu qui est maintenant dessus, et que vous prenez entre le pouce et l'index de la main droite, tout en laissant tomber et pendre à votre côté la main gauche où est caché le jeu truqué.

Les cartes étant suffisamment examinées et mêlées, recevez-les dans la main droite ; faites semblant de les placer dans la main gauche que vous élèverez aussitôt, en écartant le bras, pour laisser voir le jeu qu'elle tient ; mais gardez secrètement dans la main droite celui qu'on vous a rendu, et débarrassez-vous-en dans votre gilet ou dans une poche, si vous ne préférez le laisser tomber dans la *servante*, en prenant, sur votre table, la baguette magique.

Nous sommes entrés dans ces longs détails, pour la satisfaction des personnes qui veulent, à tout prix, des explications complètes; mais un véritable *amateur* de prestidigitation trouvera facilement, selon le lieu et les circonstances, des procédés variés, pour substituer l'un à l'autre deux jeux de cartes.

Pour peu qu'en même temps on cause agréablement, on peut être assuré que les spectateurs, qui n'ont aucun motif d'être méfiants pour l'instant, ne se douteront même pas de ces sortes de manœuvres, si elles sont exécutées avec calme, à la faveur des allées et venues dans la salle.

Nous voici donc avec dix rois de cœur sur le jeu; votre premier spectateur pourra agiter sa clochette quand il voudra, sans risque d'erreur.

Supposons que l'on vous arrête à la sixième carte : vous savez que vous aurez à vous débarrasser de quatre rois de cœur qui sont encore sur le jeu. Si vous savez faire sauter la coupe, rien de plus facile que de faire passer ces cartes sous le jeu; dans le cas contraire, recommencez le simulacre de battre quatre fois les cartes, comme nous l'avons dit plus haut, ou bien encore, tout en causant, séparez ces quatre rois des autres cartes avec le pouce et, sous prétexte de relever vos manches ou de vous frictionner les mains « pour dégager du fluide », posez un instant le jeu sur la table, la face en dessus, lâchant d'abord les quatre rois de cœur, et faisant glisser un peu plus loin le reste du jeu, pour le ramasser seul ensuite.

Ce petit tour, dont on ne comprend plus l'effet merveilleux quand on en sait le secret, et qui semble, dès lors, n'être plus qu'une audacieuse mystification, fait cependant croire à un grand talent de la part du prestidigitateur, et obtient toujours un joli succès.

LV

ENCORE LA DOUBLE VUE

ous pouvez recourir à nous en toute confiance, aimables spectateurs, pour retrouver les objets perdus; le tour de magie que nous allons exécuter devant vous en est une preuve palpable; mon jeune élève, dont je bande les yeux dès à présent, va passer dans une chambre voisine pendant que vous cacherez dans cette salle un petit objet. Sans qu'un seul mot soit prononcé par moi, au seul coup frappé sur cette table par ma baguette magique, cet enfant, doué d'une

20

seconde vue remarquable, se dirigera sans hésiter vers l'objet caché et vous le montrera du doigt ».

Comme nous l'avons dit, grâce à la proéminence du nez — et surtout quand cet appendice est de dimensions honnêtes — un bandeau posé sur les yeux n'empêche pas de voir plus bas, tout près devant soi. Or, ce que le « jeune élève » voit fort bien en s'approchant de la table, c'est un livre qui paraît se trouver là par hasard, et qui, dans l'esprit des deux compères, le maître et l'élève, figure le plan de la chambre dans laquelle ils opèrent.

En paraissant commander du geste, le physicien pose son doigt à l'endroit voulu, par exemple vers celui des angles du livre qui correspond au coin de la chambre où se trouve l'objet; et comme cet objet peut être situé, soit près du sol, soit à mi-hauteur contre le mur, ou encore, être voisin du plafond, la baguette magique indique cela tout naturellement par la position qu'elle prend aussitôt que le coup annoncé a été frappé sur la table; si le « jeune élève » ne voit pas la baguette, il en conclut qu'elle est élevée, comme le montre notre vignette, figure 69; et c'est vers le haut du mur, dans l'angle de la salle qui lui est désigné par la position du doigt sur le livre, qu'il dirigera sa main en disant : l'objet caché est là.

Appuyée sur la table à côté du livre, la baguette indique que l'objet caché est situé entre le plafond et le plancher; abaissée de manière à pouvoir être vue au-dessous du ban-

deau, elle marque que l'objet se trouve à proximité du sol.
Pour mieux dérouter les spectateurs, on pourrait même

Fig. 69. — L'objet caché.

adopter l'ordre inverse dans la position de la baguette.
Il ne s'agit pas ici, évidemment, d'indiquer à un centimètre près la place de l'objet caché, ni de le toucher du bout

du doigt: chacun sera émerveillé quand le « jeune élève »,
se dirigeant brusquement vers le meuble où se trouve
l'objet, avancera le bras, même à un mètre de distance, et
dira : « Il est là ! »

LVI

LA TÊTE DU DIABLE

ﾍN raconte, messieurs, que le chapeau d'un roi de Suède nommé Eric — ce n'est certainement pas Eric IX que l'Église catholique a mis au nombre des saints — possédait, à la suite d'un pacte conclu par le monarque avec le diable, une vertu merveilleuse : celle de faire changer, au gré de son propriétaire, la direction du vent. En effet, Eric faisait-il tourner son chapeau sur sa tête, aussitôt le démon donnait le vent que demandait le signal convenu, et cela avec une telle précision, que le couvre-chef royal aurait pu tenir lieu de la meilleure des girouettes.

« Le chapeau que je vous présente, possédait, il y a peu de temps encore, la même vertu magique que celui d'Eric de Suède : je m'en suis aperçu, à ma grande surprise, et à ma grande frayeur aussi, je dois le dire, le jour même où j'en ai fait l'emplette chez un brocanteur ; seulement, j'ai aussitôt protesté que j'entendais renoncer sur l'instant à tout pacte diabolique ; et maintenant c'est bien fini, les vents n'obéissent plus à mon chapeau ; néanmoins, de temps en temps, j'y trouve encore la tête d'un démon, qui se plait sans doute à y venir habiter, mais qui, heureusement, sur mon ordre, s'évanouit aussitôt.

« Voici le chapeau, examinez-le ; rien n'y paraît en ce moment ; je le place sur cette cassette en bois, dont l'ouverture vous regarde, et, comme le démon craint la lumière, je recouvre le chapeau de ce foulard..., horreur ! c'est inutile, le diable est déjà là ! »

Le prestidigitateur prenant un air épouvanté, se recule au fond du théâtre, et en même temps une tête de diable, noire et grimaçante, s'élève lentement du chapeau et y redescend aussitôt. La hideuse figure apparaît et disparaît successivement plusieurs fois de la même manière, suivant les ordres qui lui sont donnés.

« Vous désirez voir de plus près ? demande à un spectateur le magicien qui feint d'avoir été interpellé ; je vais avancer un peu la table... (*Il avance la table.*) Et vous, madame, vous voudriez que je passe à un autre exercice moins terrifiant ? je vais donc chasser le diable pour répondre à votre désir ; voici mon foulard ; couvrons-en le chapeau... Comment, déjà? il n'y a plus rien ; tout le monde peut, sans crainte d'y trouver le diable, examiner chapeau et cassette que je fais passer dans la salle. »

Fig. 70. — Apparition de la tête du diable.

Cette jolie expérience, absolument nouvelle et inédite, quand nous l'avons publiée dans les *Veillées des Chaumières*, est très simple d'exécution.

Au plafond est un piton (n° 1, figure 70) situé exactement au-dessus de l'endroit qu'occupera le chapeau sur la table du prestidigitateur, placée elle-même au milieu de la scène (qui peut être un coin de salon). Ce piton est traversé par un fil de soie noire F, auquel est suspendue une tête de masque en carton, assez légère, représentant un diable; l'autre extrémité du fil est entre les mains d'un servant caché dans la coulisse ou dans une chambre voisine.

Avant la séance, les choses étant disposées comme nous venons de le dire, la tête du diable, posée sur la tablette ou *servante* accrochée derrière la table, doit se trouver située en arrière du point P de suspension du fil (n° 1, fig. 70).

Lorsque, pour la première fois, le prestidigitateur fait mine de recouvrir le chapeau, et tandis que, de profil, à côté de la table, il tient le foulard dans la position indiquée par notre vignette (figure 70), de manière à cacher l'espace situé immédiatement au-dessus du chapeau, le servant tire un peu à lui le fil, auquel le poids de la tête donne aussitôt la direction verticale; cette tête vient donc se placer d'elle-même au-dessus du chapeau dans lequel, en laissant glisser le fil, on la fait descendre doucement.

Dans le numéro 1 de la figure 70, F est le fil, P le piton enfoncé dans le plafond; V est le foulard qui cache aux yeux du public le mouvement opéré; la ligne pointillée indique la position verticale du fil au moment où le servant vient de le tirer à lui.

Il est bien entendu que ce va-et-vient du fil, qui sert à introduire la tête dans le chapeau, ne demande qu'une seconde; mais il faut que le magicien et son aide s'exercent d'abord en particulier, pour que leurs mouvements concordent et soient tout à fait simultanés.

Nous avons dit, dans le boniment, que le prestidigitateur, à la prétendue demande d'un spectateur, fait avancer la petite table sur la scène ; cette manœuvre a pour but, on le comprend, de placer la tête, cette fois, en avant de son point de suspension, de sorte que, quand le servant tirera une seconde fois le fil, cette tête (comme l'indique le numéro 2 de la vignette) ira reprendre sa première place sur la *servante*.

On a construit bien des machines compliquées qui ne produisent pas, croyons-nous, un effet plus surprenant que cette simple application des lois de la pesanteur, au moyen de notre fil invisible.

L'ENFANT DÉCAPITÉ

OUPER la tête à un enfant, escamoter « le cadavre » et faire apparaître finalement la victime ressuscitée au fond de la salle, au moment où les spectateurs s'y attendent le moins, c'est le prodige que vous pourrez accomplir à peu de frais en suivant nos instructions.

D'abord la mise en scène.

Le servant du prestidigitateur, un adolescent de douze à quinze ans, vient de commettre une bévue, une maladresse, d'où pouvait résulter pour le maître un échec, une déconvenue, dans l'exécution de l'un de ses plus beaux tours. Pareille faute mérite un châtiment terrible : l'enfant est condamné à mort (!).

Comme c'est un spectacle bien terrible que l'effusion du

sang humain, et aussi pour épargner à la victime les dernières angoisses : préparatifs du supplice, vue du coutelas
meurtrier, on juge bon de l'habiller d'abord d'une grande
et large robe rouge sans manches qui, s'attachant à son
cou, descend jusqu'à terre. Un foulard rond, de couleur
rouge également, recouvre la tête et est fixé en place par
un cordon qui le serre, en tournant plusieurs fois autour
du cou du condamné.

Celui-ci, saisi de terreur au moment fatal, s'échappe
soudain des mains de son bourreau et veut fuir dans la
coulisse, mais il est rattrapé à temps : étendu ligotté sur
une table, il est décapité ; la tête, sanglante ou non, est
mise à côté du corps ; le tout est recouvert d'un grand
voile noir.

Une cloche « mystérieuse » est agitée par le magicien ;
le voile placé sur le « cadavre » s'affaisse aussitôt de lui-
même ; il est retiré : on voit la table vide. Un cri joyeux
part en même temps du fond de la salle, l'enfant décapité
accourt, il est en parfaite santé.

Certain escamoteur italien avait, dit-on, dans son réper-
toire, un tour qu'il affectionnait tout particulièrement ; il
décapitait un oiseau, renfermait le corps et la tête de la
victime dans une boîte à double tiroir, puis il présentait
un second oiseau qui passait pour être le ressuscité.

Un autre sorcier du même pays, encore plus célèbre que
le premier, et de goût tout aussi délicat, présentait un

pigeon blanc et un pigeon noir ; il les décapitait tous deux, opérait lui aussi, comme nous venons de le dire, en employant deux boîtes à tiroir pour la *résurrection* de ses deux victimes ; seulement, « il se trompait » ; la tête du pigeon blanc était mise avec le corps du pigeon noir dans

Fig. 71. — Fuite de l'enfant qu'on va décapiter.

une boîte, et la tête de celui-ci avec le corps du pigeon blanc dans l'autre boîte ; erreur qui n'empêchait pas le tour de réussir, bien au contraire, car on voyait ensuite sortir des tiroirs deux petites bêtes dont l'une blanche avait la tête noire, et l'autre, noire, avait la tête blanche ; c'était — faut-il vous le dire ? — deux pigeons blancs, tout simplement ; à l'un, on avait noirci seulement la tête, à l'autre le corps tout entier, sauf la tête, avec de l'encre. Total, pour l'expérience : quatre pigeons, dont deux étaient assassinés !

Allez-vous supposer maintenant, quand je vais vous parler de deux enfants nécessaires, pour l'exécution de notre tour, que nous allons tout simplement, comme pour les oiseaux en question, couper la tête de l'un et vous présenter l'autre ensuite ? Non, sans doute. Et cependant, à l'exception du sang versé, quelque chose d'analogue va se passer ici.

Fig. 72. — Carcasse de la fausse tête.

Choisissez deux enfants dont l'un soit plus grand que l'autre de toute la tête : c'est chose facile à trouver dans les écoles et les patronages surtout, où les séances de magie blanche sont en faveur.

Affublez le plus petit enfant d'une fausse tête formée d'un cylindre de carton A et d'un disque de carton B muni de deux cordons ; ces deux pièces A et B (figure 72) devront être cousues ensemble et ensuite garnies de crin. Enfin, deux coussins en papier, placés de chaque côté de la tête de l'enfant, simuleront les deux épaules.

Au moyen de cette disposition, ce premier enfant, et celui plus grand qu'on habillera plus tard devant le public, présenteront l'un et l'autre exactement le même aspect, recouverts tous deux de robes et de foulards pareils de forme et de couleur. Le premier enfant, le plus petit, préparé d'avance comme nous l'avons dit, se tient caché dans la coulisse du théâtre, ou à proximité d'une porte voisine,

Fig. 73. — L'enfant préparé.

prêt à jouer son rôle quand le moment sera venu.

La table, placée au milieu de la scène, doit être assez haute, très forte et massive ; sa largeur doit dépasser un peu la hauteur du plus grand des enfants acteurs de cette scène terrifiante. Derrière la table, trente centimètres plus bas, une forte planche est posée sur deux solides supports en fer C, vissés aux pieds de la table et à cette planche (figure 74, page 321).

Sur la table, quatre petits pitons *bbbb* reçoivent les

extrémités redressées de deux arcs en fil de fer EE qui, d'abord rabattus à plat sur la table, peuvent s'y dresser verticalement.

Quand l'enfant qui doit être décapité s'échappe vers la porte ou la coulisse (figure 71), il disparaît pendant une fraction de seconde aux yeux des spectateurs : ce court instant suffit pour opérer une substitution ; c'est le second enfant qui, s'étant précipité brusquement à la place de son compagnon, est ramené au milieu de la scène et se débat maintenant entre les mains du bourreau.

Quand cette petite comédie est bien exécutée, les spectateurs ne s'aperçoivent pas qu'ils ont perdu l'enfant de vue, d'autant moins que les mouvements sont calculés de telle sorte que les deux robes rouges des enfants se confondent et que la première n'a pas encore disparu, que la seconde est déjà saisie par le magicien.

L'enfant est donc étendu ligotté, sur la table ; le bord du foulard rond, formant collet, est relevé, et le couteau tranche... les deux cordons qui attachent la tête en carton, à moins qu'on ne préfère, comme l'a supposé notre dessinateur (figure 74), trancher le foulard en même temps. Le bourreau doit, à ce moment-là, faire autant de tapage que possible, crier, frapper, comme c'est bien dans le rôle d'un homme enivré de fureur.

L'enfant profite de tout ce bruit et du moment où le prestidigitateur cache la surface de la table en étendant le grand voile noir qui doit recouvrir le *corps décapité* (figure ci-dessous), pour se laisser glisser sur la planche qui est derrière la table et pour redresser rapidement les deux

Fig. 74. — Table pour la disparition de l'enfant.

arcs EE en fil de fer, dont les courbes doivent être plutôt irrégulières et accidentées, et qui — nous allions oublier de le dire — sont attachés par leurs sommets à un fil de soie noire dont l'autre extrémité est dans la coulisse, entre les mains d'un servant.

Ces deux pièces en fil de fer se dessinant en relief à travers le voile étendu pour le soutenir, il semble aux spectateurs que l'enfant décapité soit toujours sur la table.

Enfin, quand tinte la clochette du magicien, le voile noir s'affaisse, car, de la coulisse, au moyen du fil de soie, on a fait tomber à plat les arcs en fil de fer ; en même temps, le premier enfant accourt du fond de la salle. — Rideau.

TABLE DES FIGURES

TABLE DES MATIÈRES

.PARIS

IMPRIMERIE NOIZETTE ET Cⁱᵉ

8, Rue Campagne-Première, 8

DU MÊME AUTEUR

MAGIE BLANCHE EN FAMILLE

Première série
de tours de physique amusante, faciles pour tous

PAR MAGUS

1 beau volume grand in-8o illustré de nombreuses gravures.

Broché. . . . . **4 francs**
Relié toile rouge, fers spéciaux . **6 francs**

EN PRÉPARATION

SORCELLERIE EN CHAMBRE

Troisième série
de tours de physique amusante. faciles pour tous

PAR MAGUS

AMUSEMENTS SCIENTIFIQUES
PAR MAGUS

PASSE-TEMPS RÉCRÉATIFS
PAR MAGUS

IMP. NOIZETTE ET Cie, 6, RUE CAMPAGNE-1re, PARIS.

www.ingramcontent.com/pod-product-compliance
Lightning Source LLC
Chambersburg PA
CBHW060132200326
41518CB00008B/1003